Frieder Sauer und Dieter Frank

Säugetiere Afrikas

Fauna-Verlag
Eichenweg 8
85757 Karlsfeld
Tel. 08131 93055

Die Deutsche Bibliothek - CIP-Einheitsaufnahme

Säugetiere Afrikas nach Farbfotos erkannt / Frieder Sauer. -
Karlsfeld : Fauna-Verl., 1993
(Sauers Naturführer)
ISBN 3-923010-20-6
NE: Sauer, Frieder

Das zoologische Menschenbild

Das zoologische Menschenbild ist gezeichnet als Antwort auf die uralte Frage der Philosophen: "Was ist der Mensch"? Und die Antwort lautet: "Er ist das intelligenteste Säugetier"! Im zoologischen Menschenbild sind alle Gefühle, nicht nur die niederen wie Hunger, Durst und Schmerzempfindung, sondern auch Einsamkeit, Langeweile, Machtstreben, Triumph des Siegers und Demütigung des Besiegten, Mutterglück, Liebe und Leidenschaft unser uraltes animalisches Erbe, älter als etwa die Zähmung des Feuers als untrügliches Zeichen der Menschwerdung.

Die Aussage ist weiter, daß Gegebenheiten, die für alle Säugetiere gelten, uneingeschränkt auch für den Menschen zutreffen, und solche, die für die meisten Säugetiere gelten, wahrscheinlich auf für den Menschen gültig sind. So sehen wir bei fast allen und bei genauerer Untersuchung wohl bei allen eine matriarchalische Gesellschaft mit einer Leitkuh, während die Männchen zwar prächtig ausehen und schwer bewaffnet sind, aber doch nicht viel zusagen haben. Die Männchen locken den Gegner auf sich, stellen sich zum Kampf und werden getötet, während die Weibchen überleben. Sie erlauben dann einem Männchen aus den umherstreifenden Junggesellenrudeln, sich dem Rudel wieder anzuschließen. Der Grund für den höheren Wert der Weibchen ist offensichtlich: Ein Männchen reicht aus, um viele Weibchen zu begatten. Gemessen daran herrscht bei den Säugetieren ein riesiger Männchenüberschuss, denn der Mechanismus der Vererbung ermöglicht nur ein Geschlechtsverhältnis von 1 zu 1. Und Überangebot senkt überall den Wert.

Im zoologischen Menschenbild ist kein Platz für eheliche Treue. Die gibt es nur bei den größeren Vögeln. Darum auch wird die Ehe immer problematisch bleiben. Sie ist unnatürlich. Auch die Wut des betrogenen Ehepartners hat eigentlich nicht den Ehebruch zum Gegenstand. Vielmehr entsteht sie aus einer Verletzung des Geltungsbedürfnisses, der Betrogene sinkt in der Rangordnung, und das wird schmezlich empfunden überall, wo es Rangordnungen gibt.

Das zoologischen Menschenbild erklärt viel, und je mehr wir über den Menschen einerseits und unsere behaarten Brüder andererseits lernen, desto genauer können wir es zeichnen. Es erklärt aber nicht alles. Beispiel Bevölkerungsexplosion. Bei den Säugetieren muß daß Junge, sobald es entwöhnt ist, selber für seine Nahrung sorgen, es muß sie, wenn die Nahrung knapp ist, etwa den älteren Geschwistern oder gar seinen Eltern entreißen. Die meisten schaffen es in schweren Zeiten nicht und sterben. Die Überlebenden haben dann ein Leben ohne Not vor sich. Beim Menschen wird die Nahrung auch in der Not geteilt, und die zuviel Geborenen reißen ganze Völker in nicht endende Hungerkatastrophen, die sich solange verschärfen, bis so viele verhungern, wie zuviel geboren werden.

Afrika ist reich an Säugetieren. Rund 1.600 Arten leben hier, rund 1/3 aller Säugerarten der Erde. Die Zahlen sind nicht deshalb so ungenau, weil es noch neue Säugerarten zu entdecken gäbe, sondern weil man von vielen Populationen noch nicht weiß, ob es nun eigene Arten oder nur Rassen einer anderen Art sind. Das gilt auch für so markante Tiere wie die Spießböcke, die Kuh- und Leierantilopen. Die Entscheidung kann nur durch Zucht gefunden werden: Wenn sich die Nachkommen über Generationen hinweg fruchtbar und ohne Nachlassen der Lebenskraft fortpflanzen, dann gehörten die Eltern der gleichen Art an, und mögen sie noch so verschieden aussehen wie Spießbock und Säbelantilope.

Keine der afrikanischen Arten lebt auch in Amerika. Das ist auch nicht zu erwarten, denn die 120 Millionen Jahre, seit denen sich die Kontinente getrennt haben, sind eine sehr lange Zeit, verglichen mit der Zeit für das Werden und Vergehen der Arten. Die Landbrücke im Norden während der Eiszeiten, über die Menschen und Tiere wandern konnten, war den Afrikanern zu kalt.

Einige afrikanische Arten kommen auch in Europa vor: Das Ichneumon lebt in Südspanien, die Ginsterkatze geht bis Südfrankreich, der Goldschakal lebt auch in Dalmatien, der Löwe wurde erst in der Antike auf dem Balkan ausgerottet, Nilflughunde gibt es auch auf Zypern. Der Europäische Hase ist in fast ganz Afrika zuhause, er heißt hier Kaphase und wird manchmal als eigene Art, Lepus capensis, geführt.

Zahlreiche afrikanische Arten sind weit nach Asien hinein verbreitet, vor allem die Raubtiere. Löwe, Leopard, Gepard, Serval und Streifenhyäne waren bis weit über Indien hinaus heimisch, wurden in Asien aber fast überall ausgerottet, während sie in Afrika überlebten, vor allem wohl, weil dieser Kontinent durch Tropenkrankheiten der Vermehrung der Menschen Grenzen setzte.

Nur auf Afrika beschränkt sind die Giraffen, obwohl eine Giraffenart aus Mesopotamien erst in historischer Zeit ausgerottet wurde, nur in Afrika lebt das Erdferkel, und ohne Verwandte auf anderen Kontinenten sind die Rüsselspitzmäuse.

Die Verbreitung der afrikanischen Arten gibt Rätsel auf. Afrika hat sich seit dem Erdmittelalter kaum verändert, es ist ganz grob gesehen, eine Hochebene, von der sich alle afrikanischen Ströme über Stromschnellen oder Wasserfälle ins Meer stürzen, und eingestreut in dies Hochland liegen weit isolierte Hochgebirgsstöcke. Nirgends setzt Winterkälte der Ausbreitung der Arten Grenzen, nirgends trennen Bergrücken oder Gewässer. nur die Feuchtigkeit ist sehr ungleich verteilt: Um das grüne Herz Afrikas, den Regenwald im Einzugsgebiet des Kongo, ziehen sich in Gürteln Landschaften, deren Lebensbedingungen mehr und mehr von längeren Trockenzeiten und geringeren Jahresniederschlägen geprägt werden. Aus dem Regenwald wird laubabwerfender Trockenwald, dann parkartige Baumsavanne, Strauch- und schließlich strauchlose Grassavanne, dann Halbwüste, wo allenthalben der nackte Boden zutage tritt, und schließlich die Wüste, wo noch höchstens 5 % des Bodens von Pflanzenwuchs verdeckt werden. Im Norden begrenzt die Sahara in etwa 1000 km breitem Band das tropische Afrika, im Süden liegen kleiner, aber noch trockener die Wüste Namib und die große Kalahari. Bei der großen Ausdehnung solcher gleichförmigen Lebensräume sollte man für die Tiere Afrikas riesige Verbreitungsgebiete erwarten, aber das ist oftmals nicht der Fall. So kommt die kleine Thomsongazelle nur auf einem Fleckchen in Ostafrika vor, das Erdmännchen ist auf Südafrika beschränkt, und vor allem die Affen bewohnen von dem Gebiet, das uns als zusagend erscheint, meist nur einen kleinen Teil. Vielfach ist das Verbreitungsgebiet auch in Inseln aufgebrochen, die durch Tausende Kilometer Niemandsland voneinander getrennt sind. So gibt es den Springhasen einmal in Südafrika und dann wieder in Kenia. Nur zum Teil läßt sich die Verbreitung durch Klimaschwankungen in der Vergangenheit erklären. So kann der Regenwald in Trockenperioden zu einzelnen Inseln aufgelöst gewesen sein, zwischen denen sich die Steppentiere weithin ausbreiten und in denen sich die Regenwaldtiere zu neuen Arten entwickeln konnten. Wenn es dann wieder feuchter wurde, schloß sich der Regenwald erneut zusammen und trennte die Steppentiere in Restbiotopen ab. Die Arten der Regenwaldinseln konnten sich ausdehnen, bis sie an das Gebiet der neuen Zwillingsart stießen, wo zwischenartliche Konkurrenz ein weiteres Vordingen verhinderte.

Die Sahara war während der Eiszeiten und noch bis vor etwa 10.000 Jahren ein grünes Land, in dem, wie wir aus den Felszeichnungen der Steinzeitmenschen wissen, die Tiere der tropischen Savannen bis ans Mittelmeer vordrangen. So konnte Hannibal mit heimischen Elefanten nach Rom marschieren, und die Elefanten wären auch heute noch in Nordafrika heimisch, wenn man sie nicht ausgerottet hätte. Die letzten Berberlöwen fielen erst in diesem Jahrhundert, und in manchem Zirkuslöwen fließt heute noch Berberlöwenblut.

Ganz und gar rätselhaft ist das Auftreten von Pflanzen und Tieren der gleichen Art in den Hochgebirgen Afrikas, etwa auf den großen Vulkanen in Ostafrika, die einst völlig isoliert aus der Savanne aufstiegen.

Wir wissen nicht, wie weit die frühen Menschen in die Verbreitung der Großtiere Afrikas eingegriffen haben. Vielleicht war es der Jagddruck, vielleicht die Konkurrnez durch die Haustiere, wenn es heute in den Savannen Westafrikas keine Gnus, keine Impalas und keine Kudus gibt, um nur ein paar Beispiele zu nennen. Heute geht es den Großtieren in Afrika schlecht. Schuld daran ist letztlich die Bevölkerungsexplosion, in Kenia "population spiral" genannt, die auf keinem Kontinent so heftig ist wie in Afrika, und die auch nirgendwo so wenig bekämpft wird. Selbst in den Gebieten, wo Bürgerkrieg, Hunger und Seuchen am schlimmsten wüten, wächst die Bevölkerung weiter. Ursache ist aber auch die politische Lage in Afrika. Als die Kolonialmächte um 1960 die Länder Schwarzafrikas in die Unabhängigkeit entließen, da geschah das in willkürlich gezogenen Grenzen, die Menschen trennten, die sich zusammengehörig fühlten und Menschen zusammenbrachten, die nicht zusammenleben wollten und nie zuvor zusammengelebt hatten. Die neuen Führer der instabilen Staaten versuchten ihre Länder durch Militärmacht zusammenzuhalten und haben Afrika bis an die Zähne bewaffnet. So donnern heute Düsenjäger über Äcker, wo Mädchen, nur mit dem Lendenschurz bekleidet, mit der Hacke arbeiten. Erziehung und Ausbildung kamen dabei viel zu kurz. Heute, nach 30 Jahren Unabhängigkeit, hat sich überall die Bevölkerung mehr als verdoppelt, Hunger schleicht herein, in vielen Ländern kämpfen Bandenchefs um Macht und die Staatskasse, sie haben die Waffenlager geplündert, und mancherorts kostet eine Kalaschnikov nicht mehr als ein Schaf. So kommen Schußwaffen auch in die Hände der Jäger.

Die Afrikaner haben immer schon gejagt, so viel sie konnten. Das ist in einem Land, wo der Eiweißhunger so stark war, daß es bis zum Beginn des Kolonialismus noch Menschenfresser gab, auch gar nicht anders denkbar. Die Afrikaner jagten mit Speeren und Knüppeln, manche Stämme auch mit Giftpfeilen, andere ohne alle Waffen, indem sie die Tiere mit Hunden hetzten, aus ihren Bauen gruben oder mit Feuer umzingelten und verbrannten. Trotz dieser Jagd fanden die ersten Europäer in den Savannen Afrikas riesige Tierherden, wohl auch, weil sich die Tiere in wasserlose und menschenleere Gebiete zurückziehen konnten. Jagdschutzgesetze, wie sie die Feudalherren Europas seit dem frühen Mittelalter erließen und bei Todesstrafe durchsetzten, um ihrem Jagdvergnügen frönen zu können, waren in Afrika unbekannt. Darum gab es in Afrika auch keine Wilderer. Erst die Kolonialherren erließen Wildschutzgesetze und errichteten Schutzzonen.

Mit dem Beginn der Selbständigkeit wurden auch die Jäger frei, und jetzt kamen sie nicht mehr mit Pfeil und Bogen und zu Fuß, sondern mit Gewehren und mit Geländewagen. Ein großes Schießen setzte ein, und in den sechziger Jahren konnten die Jäger Kameruns beispielsweise etwa ein Drittel des Fleischbedarfs der damals etwa 6 Millionen Einwohner decken. Nach wenigen Jahren war das Land, so weit die Jäger vordrangen, bis auf das letzte Äffchen und Eichhörnchen leergejagt. Nach den Jägern kommen die Siedler. Jahrelang hört man im Urwald nah und fern statt fremdartiger Vogelrufe das Aufheulen von Motorsägen, dann kommen die Kassawa-Bauern und Bananenpflanzer. Heute kann man durch die Ölpalmenplantagen in Kamerun streifen und sieht nicht einen Vogel, höchstens einmal eine Bachstelze aus Europa, die dort überwintert.

Glücklicherweise haben die Regierungen Afrikas in der Begeisterung des Neuanfangs überall großzügige Nationalparks eingerichtet, die groß genug sind, um ein Stück Afrika, wie es war, bevor die Menschenlawine kam, für die Nachwelt zu erhalten. Ich bin sicher, daß die Afrikaner ihre Nationalparks auch in schwerern Zeiten, wie sie über dem Kontinent heraufziehen, nach besten Kräften erhalten werden, jedenfalls besser, als wir Europäer es in der gleichen Lage tun würden. Wo aber das Land in politischen Wirren versinkt, wo die Opposition nicht mit dem Stimmzettel, sondern mit der Waffe um die Macht kämpft, wo die Bauern nicht mehr ihre Felder bestellen können. weil sie vermient sind, da bieten auch Schutzgebiete keine Garantie für das Überleben der Wildtiere, wie es die leergeschossenen

Nationalparks in Äthiopien vor Augen führen. Da ist es gut, daß von den am stärksten bedrohten Arten Zuchtgruppen in Freigehegen in Amerika und Europa existieren. Aber auch diese sind keine Garantie für den Erhalt der Arten: Inzuchtschäden sind die große Gefahr. Nach heutiger Schätzung bedarf es einer Population von mindestens 500 Individuen, die untereinander in Genaustausch stehen, um eine Art auf Dauer lebenskräftig zu erhalten. Diese Bedingung ist zur Zeit für die am stärksten bedrohten Arten nicht erfüllt. Immerhin ist bis heute keine Großtierart Afrikas völlig von der Erde verschwunden, lediglich 2 Unterarten, das zum Steppenzebra gehörende Quagga und der zu den Pferdeantilopen gehörende Blaubock wurden von den Buren völlig ausgerottet. Wir Europäer dürfen den Buren aber keinen Vorwurf machen, solange wir die Bodenschätze der Erde plündern, ohne an unsere Kinder und Kindeskinder zu denken.

Die Verbreitungskarten in diesem Buch sind viel zu optimistisch. Wollte man sie genauer zeichnen, so müßte man sie auflösen in einen Teppich aus Fleckchen und Punkten inmitten von leergejagtem, von Menschen besiedeltem Land. Und jedes Jahr wären weitere Punkte aus diesen Verbreitungskarten zu löschen.

Als ich 1985 das Vorwort zu dem Buch "Afrikanische Vögel" schrieb, da waren die letzen Worte im Vorwort: Trauer um Afrika, Abschied von Afrika. Der Abschied kommt schneller, als ich dachte.

Das tropische Jahr

Auf jedem Globus sind außer dem Äquator auch die Wendekreise eingezeichnet. Der Nördliche oder Wendekreis des Krebses zieht sich durch das von Marokko besetzte Land West-Sahara bis über Südägypten; der Äquator zieht über Gabun und Kenia, und der südliche oder Wendekreis des Steinbocks verläuft durch Namibia, Botswana und das nördliche Südafrika.

Das Land zwischen den Wendekreisen kann man im einfachsten Fall als die Tropen bezeichnen. Wenn man die Linien, wo die Jahresdurchschnittstemperatur 21 Grad überschreitet, als Grenzen der Tropen definiert, kommt man zu einem ähnlichen Verlauf der Grenzen.

Überall in den Tropen steigt die Sonne am Morgen steil auf, sie steht am Mittag hoch über den Köpfen und geht nach etwa 11 bis 13 Stunden wieder unter. Die Nacht bricht nach kurzer Dämmerung herein. Etwa ab 9 Uhr morgens wird es heiß und bleibt heiß bis 4 Uhr nachmittags, zumindest im Flachland, von dem in diesem Kapitel die Rede ist. Die Kaltlufteinbrüche aus dem Norden können im Winter noch den Rand der Sahara erreichen, dort aber werden sie von den ständig nach Westen wehenden Passatwinden aus ihrer Stoßrichtung geworfen. Es gibt also keinen Winter, sondern nur Regen- und Trockenzeiten, wobei die Regenzeit wie unser Sommer die Zeit des Blühens, der Schmetterlinge und des Vogelkonzertes ist und die Trockenzeit wie unser Winter die Zeit der Ruhe, in der viele Vögel weggezogen sind. Die Jahresmitteltemperatur kann man gut abschätzen an der Temperatur des Quellwassers: In den Tropen strömt es kristallklar hervor - aber lauwarm!

Am einförmigsten ist das Klima direkt unter dem Äquator. Hier geht die Sonne täglich pünklich um die gleiche Zeit auf und genau nach 12 Stunden wieder unter. Am 20. März und am 20. September geht sie durch den Zenith, im Sommer weicht sie etwas nach Norden, im Winter nach Süden aus. Den Sternenhimmel beherrscht im Sommer das Kreuz des Südens. Temperatur und Niederschläge ändern sich wenig. In Südkamerun wird es in den wärmsten Monaten (Februar bis April) gegen Mittag um 32 Grad warm und in den kältesten (Juli und August) noch 29 Grad. Im Höhepunkt der Regenzeit (Juli und August) hat hier der Monat 29 Regentage und im Höhepunkt der Trockenzeit (Januar) noch 7.

Am Äquator gibt es zwei Regenzeiten, ihren Höhepunkt erreichen sie etwa 10 Wochen nach den Tagen des Sonnenhöchststandes. Sie sind nirgendwo gleich stark, so daß man die große und die kleine Regenzeit unterscheidet. Für das Masai-Mara-Gebiet sieht das so aus:

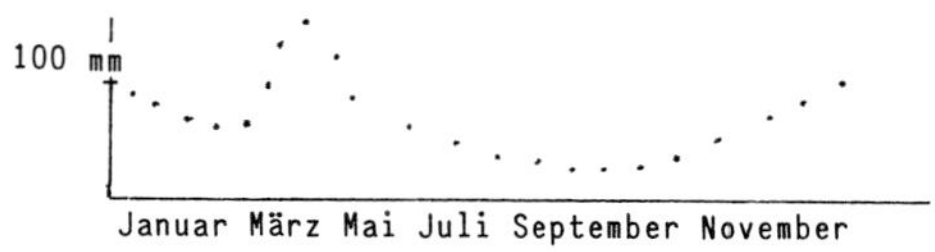

Der Tagesablauf in Äquatornähe ist vorhersagbar: Am Morgen ist es wolkenlos, am Vormittag quellen Wolken auf und fließen am Nachmittag zu einer Decke zusammen, es wird dunkler und wenig später stürzt mit Blitz und Donner schwerer Tropenregen zur Erde. Gegen Abend klingt er mit einem langen Nachregen aus.

Je weiter man sich vom Äquator entfernt, desto deutlicher trennen sich Regen- und Trockenzeit, und die Regenzeiten verschmelzen einzigen in den Wochen nach dem Sonnenhöchststand.

Nach Norden rücken die beiden Termine des Sonnenhöchststandes immer mehr gegen die Sommermitte und fallen am Wendekreis des Krebses zu einem Termin am 20. Juni zusammen. Noch weiter nördlich erreicht die Sonne nicht mehr den Zenith. Entsprechend wird die Regenzeit kürzer. Im Senegal, rund 1000 km südlich des Wendekreises, hat der Juli 9, der August 15 und der September 13 Regentage. Von November bis Mai fällt fast gar kein Regen mehr.

Noch weiter nördlich, in der Sahelzone, wird die Regenzeit schwach und unzuverlässig, Dürrejahre häufen sich. Aber noch im Hoggargebirge in der Südsahara ist im August eine kleine Regenzeit zu spüren.

Mit der Entfernung vom Äquator steigt auch die tägliche Schwankungsbreite der Temperatur. In Südkamerun schwankt sie um höchstens 8 Grad, im Sudan während der Trockenzeit um etwa 17 Grad (32 am Tage und 15 in der Nacht), und im Saharasommer kann die Temperatur binnen 24 Stunden um 50 Grad schwanken. Der Hoggar kann bereift sein.

Für den Afrikareisenden, der Säugetiere sehen will, ist das Ende der Trockenzeit günstig: Die Büsche sind ohne Laub, das Gras ist umgeknickt, verbrannt oder weggefressen, und das Wild drängt sich an den letzten Wasserlöchern zusammen. In der Regenzeit sind die Tiere über weite Flächen verstreut und finden Deckung im grünen Busch und im hohen Gras.

Regenzeiten in Afrika

in der Tabelle sind die Regentage pro Monat angegeben, beginnend mit dem Januar.

Die Zahl der Sonnenstunden pro Tag ist auch im Höhepunkt der Regenzeit hoch, in Ost- und Südafrika sinkt sie nie unter 4 (August in Nairobi) und gewöhnlich nicht unter 6. Auch im Höhepunkt der Trockenzeit erreicht sie nirgends die denkbare Zahl von 12 und mehr: 11 Sonnenstunden werden nur in der Kalahari erreicht, der Krügerpark bringt es noch auf 9 Stunden (Mai bis Oktober), die Serengeti ebenfalls auf 9 Stunden im Januar und Februar.

Addis-Abbeba	2 5 8 10 10 20 28 27 21 3 2 2
Kampala	3 5 7 12 15 18 19 10 6 6 4
Nairobi	10 11 17 17 7 4 6 9 18 13
Mombasa	1 1 3 13 19 16 15 14 10 7 3 3
Daressalam	9 8 11 21 14 78 5 5 5 7 10 11
Krügernationalpark	10 8 8 5 2 1 1 2 5 9 10
Walfischbay	1 1 2 1 1 1 1 3 5 8
Windhoek	10 10 10 5 2 1 1 1 1 3 5 8
Limbe	7 9 16 18 23 24 29 29 27 25 16 9
Dakar	1 1 1 1 1 12 9 15 13 4 1 1
Agadir	9 4 5 2 1 1 1 2 3 2

Die Tageshöchsttemperaturen in den Tropen sind nicht so hoch, wie man sich das vorstellt. Die Tropen zeichnen sich vielmehr aus durch das Fehlen von kalten Tagen. Am heißesten wird es mit 32 Grad in Limbe (April und Mai), Mombasa (März und April) und Daressalam, (Februar und März), also entlang der Küsten in Äquatornähe. Viel kühler ist es im Hochland: Bis 26 Grad in Nairobi, 30 Grad in Windhoek (Dezember und Januar), bis 26 Grad in Addis-Abbeba.

Dagegen kann es nachts überraschend kühl werden: Ein Morgen in Addis-Abbeba im November hat 4 Grad, in Nairobi im Juli 9 Grad, und besonders kühl wird es in den Wüsten unter dem klaren Sternenhimmel: 6 Grad in Windhoek im Juni und Juli, also auf dem Gipfel der Trockenzeit. Kühl ist es natürlich auch im Hochland: 2 Grad im Krügerpark im Juni und Juli, wobei Hochlage, Trockenzeit und der immerhin schon spürbare Winter zusammenfallen.

Trockene Luft macht die Hitze erträglich, hohe Luftfeuchtigkeit macht sie belastend. In der Sahara (Assuan) steigt die Luftfeuchtigkeit nie über 30 % (10 % wären tödlich, weil dann die Lunge vertrocknet). Im regenarmen Walfischbay ist die Luft dagegen sehr feucht, die Sättigung sinkt nie unter 75 %. Das entspricht etwa einem eher feuchten Keller. Am höchsten ist die Luftfeuchtigkeit im tropischen Regenwald: In Limbe (Kamerum) werden im Urwald 90 % und mehr gemessen. Bei dieser Feuchtigkeit wächst über Nacht Schimmel auf Kleidern und Schuhen, und Fotoapparate verrosten von innen her.

Die Entwicklung der Säugetierfauna

Auf allen Kontinenten gibt es weite Grasländer. In Nordamerika heißen sie Prärien, in Südamerika Pampas, in Eurasien Steppen und in Australien Outbacks. Gras ist nicht leicht verdaulich, es gehören dazu die passenden Zähne, um die harten Halme zu zermalmen, und ein passender Verdauungstrakt. Am besten werden die Wiederkäuer damit fertig; Wiederkäuer sind alle Paarzeher, also Antilopen, Rinder, Schafe, Ziegen, Giraffen und Kamele. Die Zebras sind keine Wiederkäuer, darum müssen sie viel mehr fressen als jene. Weiter gehören zum Leben im Grasland feste Hufe für schnelle Flucht und weite Wanderungen.

Vor den Eiszeiten, also vor einigen Millionen Jahren, gab es auch in den Grasländern Amerikas riesige und artenreiche Wildherden, abenteuerlicher noch als in Afrika, aber zu Ende der Eiszeiten waren sie verschwunden bis auf letzte Reste; die Herden der Bisons und Gabelböcke in Nordamerika und bescheidene Hirscharten in Südamerika. Niemand weiß, warum es so gekommen ist. Am Lebensraum hat es nicht gelegen, denn in den Pampas weiden heute Rinder, so viele, daß ihre Darmgase die Atmosphäre belasten, und in den Outbacks Australiens über 100 Millionen Schafe.

Aber nur in Afrika ist der Wildreichtum des Tertiärs bis in unsere Zeit erhalten geblieben. Als in der Mitte des vorigen Jahrhunderts die ersten Europäer in das Innere Afrikas vordrangen, trafen sie von Abessinien bis Südafrika auf ungeheuere Wildherden; über 100 Millionen Tiere müssen es gewesen sein. Um 1830 berichtete Sir William Harris aus Südafrika: "Die Belästigung durch Löwen war etwas ganz Alltägliches. Der Vaalfluß wimmelte von Flußpferden, die Umgebung von Pretoria war von einer Anzahl von Nashörnern belebt, die geradezu lästig wurden. Aus jedem Busch schaute der häßliche Kopf eines solchen Geschöpfs hervor. In der Umgebung von Mafeking bedeckten Ansammlungen von Zebras und Weißschwanzgnus die ganze Ebene, daß man wohl 15.000 Stück Wild gleichzeitig mit eigenen Augen sah". Sir Harris sah 300 Elefanten zusammen. Die Ebene bildete eine einzige lebendig bewegte Masse.

Wieso haben die Afrikaner die Wildherden nicht seit Jahrtausenden dezimiert? Wir wissen es nicht. Vielleicht waren die Tiere durch die zahlreichen und verschiedenen Raubtiere, die es nur in Afrika gibt, bestens auf Vorsicht und Flucht trainiert, vielleicht war das Land zu ungesund, um eine hohe Bevölkerungsdichte aufzubauen, vielleicht waren Wild und Wasser nicht das ganze Jahr hindurch vorhanden, vielleicht waren auch die Jagdwaffen nicht geeignet. Das letzte ist sicher auch ein Grund. So berichtet C.G. Schillings, die schillerndste Gestalt unter den Großwildjägern der Jahrhundertwende, aus dem Jahre 1899: "Ich konnte nicht selten eine Art ernsten Kriegsspiels zwischen Gnus und Eingeborenen in der staubdurchwirbelten Steppe beobachten: Obwohl die Jäger, jede Deckung benutzend, sich den Gnuherden mit ihren Bogen und Giftpfeilen zu nähern versuchten, immer wieder wußten diese ihren Feinden zu entfliehen, gewarnt durch ihre Vorposten, alte Gnustiere, die allerorten die Rudel flankierten".

Das erste große Abschlachten begann in Südafrika, nachdem die Buren im "Großen Treck" in das Binnenland gezogen waren: "Aus dem Jahre 1860 wird uns berichtet, daß im Oranje-Freistaat ein großes Treiben veranstaltet worden war. Man schätzte die Zahl des durch die Eingeborenen zusammengetriebenen Wildes, sowohl Zebras, Quaggas, Gnus, Kuhantilopen, Bleßböcke, Springböcke und Strauße auf über 25.000 Stück. Die Beute wurde auf 6.000 Geschöpfe berechnet, und eine Anzahl Eingeborene wurden durch die Wildherden zu Tode getrampelt." Die Buren haben das Jagen bestimmt nicht als Vergnügen empfunden, vielleicht glaubten sie als fromme Männer Gottes Willen zu erfüllen, indem sie das Bibelwort "Machet euch die Erde untertan" in die Tat umsetzten. In Südafrika gab es zur gleichen Zeit auch "Poisoning Clubs", die sich die Ausrottung schädlicher Tiere durch Gift zur Aufgabe gemacht hatten.

Aber auch die Afrikaner bekamen bessere Waffen: "Escherich fand um 1.900 in Abessinien an 400.000 Hinterlader, fand deren Patronen an Stelle von Geld als Zahlungsmittel und bezeichnete die gesamte gewaltige Fauna Abessiniens als in wenigen Jahren ausgerottet."

Um 1.900 regte sich aber auch der Naturschutz: "In den britischen Kolonien hat man mit großem Efolg Wildreservate eingerichtet, die zusammen die 5-fache Größe des Viktoria-Sees haben mögen. Man hat Schätzungen angestellt über die Zahl des Wildes und die Wanderwege der Tiere in Betracht gezogen und durch strenge Schutzmaßnahmen Erfreuliches erreicht." Die deutsche Kolonialmacht war auch auf diesem Gebiet die schlechteste, sie hat nur Verordnungen für weit entfernte Gebiete erlassen, die niemals überwacht werden konnten.

Auch in Südafrika kam neues Denken auf: "In Transvaal ist ein Schonrevier zwischen Elefantenfluß und der portugiesischen Grenze bestimmt worden. Wer in dieser Reserve jagt, verfällt einer Strafe von 2000 Mark oder 6 Monaten Gefängnis. Die Wildreserve enthält ein altes Rhinozeros, mit Blei von früher gespickt, eine kleine Herde Elefanten, einen ansehnlichen Bestand von Straußen, 5 bis 9 Giraffen, einen befriedigenden Bestand von Gnus und Impalas, 2 bis 3 kleine Büffelherden, mehrere Zebraherden, eine gute Anzahl Klippspringer, zahlreiche Wasserböcke, Kudus und eine kleine Anzahl Pferdeantilopen. Ob einige Oryxantilopen und Elenantilopen noch vorhanden sind, erscheint höchst fragwürdig."

Gemeint ist der 1898 eingerichtete Krüger-Nationalpark, 400 km lang und 60 km breit. Er ist heute vollständig eingezäunt, der Wildbestand wird durch Hege und Abschuß auf optimaler Höhe gehalten. Neuere Bestandszahlen sehen so aus:
120.000 Impalas, 22.000 Zebras, 27.000 Büffel, 4.300 Giraffen, 400 Elenatilopen, 340 Pferdeantilopen, 1.500 Löwen, 900 Leoparden, 250 Geparden und 300 Hyänenhunde.

Steppenbrand

Von Poacher's Lookout, einer Vulkankuppe im Tsavopark aus gesehen, dehnte sich das Land, so weit das Auge reicht, wie ein Obstgarten mit Akazien in graugrünem Laub, jede auf Abstand zum Nachbarn bedacht, und dazwischen war wogendes gelbes Gras. Bei einem späteren Besuch sah ich ein gespenstisches Bild: Die Bäume waren verschwunden und jeder von ihnen auf feuergeschwärztem Boden mit allen Ästen in einer Art Bild aus grauweißer Asche hingezeichnet. Ein Steppenbrand war über das Land gezogen, Wilderer sollen ihn gelegt haben, um das Wild aus dem Busch zu treiben, aber auch die Hirten zünden im Höhepunkt der Trockenzeit die Savanne an, weil sie glauben, daß sie dann mit dem Einsetzen der Regenzeit eine bessere Weide bekommen, aber sie täuschen sich: Auf der verkohlten Erde fällt das sprießende Gras nur mehr ins Auge. Schließlich sollen auch Blitzschläge Buschfeuer legen, aber wer die herabstürzenden Wasserfluten eines Tropengewitters kennt, der wird wohl kaum daran glauben.

Wie dem auch sei, Steppenbrände haben bis heute das Bild der Savanne mitgeformt. Die ganze Nacht hindurch und oft über Wochen hin erglüht über fernen IBuschfeuern der Nachthimmel, so wie fernes Wetterleuchten den Beginn der Regenzeit ankündigt. Aus der Nähe ist ein Buschfeuer ein gewaltiges Naturschauspiel: Über grasbestandene Flächen lodern die Flammen rasch hinweg, in Büschen fressen sie sich prasselnd in die Höhe, und Bäume können sie in flammende Fackeln verwandeln, aus denen Funkenwolken aufsteigen, wenn ein Ast krachend in die Tiefe stürzt. Noch Tage nach dem Durchzug der Feuerfront sind einzelne Bäume nicht erloschen. Am Tage steigt Rauch von ihnen auf, bei Nacht glimmen und flackern sie einsam ihrem Ende entgegen. Sind erst einmal eine Regen- und eine Trokkenzeit über das Land gegangen, so ist von ferne die Spur des Feuers vergangen, wogende Grasweite ist da, wo vorher Dornbusch stand.

Die Tiere der Steppe fürchten das Feuer nicht. Die Herden ziehen davon und kehren nach Beginn der Regenzeit zurück, die Kleintiere suchen ihre Erdbaue auf, die Schildkröten ziehen ihre Beine in den Panzer. Nur die Chamaeleons, die vielleicht seit dem letzten Buschfeuer aus feuchteren Lagen zugewandert waren, gehen zugrunde. Für insektenfressende Vogel ist das Buschfeuer ein Fest: Schwalben, Fliegenschnäpper, Racken, Bienenfresser, Störche und Falken kommen herbei und hacken nach den Insekten, die sich vor der Glut zu retten suchen, und scheuen dabei nicht die Nähe des Feuers. Es sieht so aus, als würden sie geradewegs durch die Flammen fliegen.

Den Wurzeln der Gräser kann das Feuer nichts anhaben, und nach dem nächsten Regen überziehen sie das verkohlte Land mit frischem Grün. Es gibt einige Savannenvögel, die man fast nur auf solchen kürzlich abgebrannten Flächen findet. Auch Insekten finden sich wieder ein, die sich aus wenigen Überlebenden mit ihrer hohen Eizahl rasch vermehren.

Termitenhügel

Sie gehören weithin zum Bild der Savanne; teils Türme, teils Kegel, teils Schlösser mit Türmchen und Erkern, teils auch auf den Boden gesetzte Halbkugeln. Sie sind hart wie getrockneter Lehm, und sollten sie beschädigt sein, so beginnen die Insassen in der nächsten Nacht mit der Reparatur. Wo es bewohnte Bauten gibt, da gibt es auch verlassene in allen Stadien des Zerfalls: Gerundete, von armdicken Höhlen durchlöcherte Hügel, mehr oder weniger abgeflacht bis hin zu Stellen, die schon völlig eingebenet sind, so daß nur ein runder Fleck anders gefärbter Erde den Ort verrät. Vielerorts ist die Savanne dicht gepflastert mit solchen Flecken, und man kommt ins Grübeln darüber, wie lange hier schon Savanne herrscht.

Fast das ganze Jahr hindurch wirken die Termitenhügel unbelebt, die Insassen wirken im Verborgenen hinter ziegelsteindicken Mauern. Aber irgendwann in der Regenzeit öffnen sich die Tore, und ein Strom geflügelter junger Königinnen und Könige quillt über Stunden aus der Tiefe. Von weither verrät sich die Stunde, weil die Vögel der Savanne sich nun zum Schmaus versammeln. Schwalben und Falken, Stare und Racken kommen zusammen, selbt die körnerfressenden Frankoline werden nun zu Fleischfressern, und man hat schon Geier beim Mahl getroffen. Die Raubsäuger der Savanne sind nicht so gut informiert, aber wenn sie vorbeikommen, so lassen sich Mangusten und Schleichkatzen und sogar Schakale und Hyänen einen Termitentag nicht entgehen.

Soviel die Räuber auch fressen, die meisten Hochzeiter überleben. Wenn sie gelandet sind, schütteln sie sich kurz, und wie durch Zauberhand fallen rechts und links die Flügel zu Boden. Zu Fuß geht es dann weiter. Hat sich ein Paar gefunden, so folgt der zukünftige König seiner Königin wie an einem Faden angebunden, gemeinsam gräbt man sich eine Höhle, und wenn wirklich alles gut geht, wird sie einmal eine neue Termitenburg, vielleicht sogar so groß, daß ein LKW nicht ausreichen würde, um sie fortzuschaffen. Vor allem flachere Termitenhügel sind beliebte Aussichtspunkte: Der Gepard späht von hier aus stundenlang nach grasenden Gazellen, und vor allem die Kuh- und Leierantilopen stehen hier in Denkmalpose, vielleicht um Auschau zu halten, vielleicht auch, um Revierbesitz sichtbar zu machen.

Die Höhlen, die beim Verfall der Bauten aufbrechen, sind sehr begehrte Wohnungen. Vor allem Mangusten schlagen hier ihr Heim auf, aber auch Schleichkatzen und unter den Reptilien die Warane und die großen Schlangen. In mancher der Burgen haust jahreinjahraus eine Schwarze Mamba, die größte und schnellste Giftschlange Afrikas.

Nachtwanderung in der Savanne

In Vollmondnächten ist es in der Savanne so hell, daß man zumindest mit einem lichtstarken Feldstecher Tiere beobachten kann, aber die strengsten Nachttiere findet man eher in mondlosen Nächten im Licht des Scheinwerfers. Dann hat die Tropennacht ihre eigene Stimmung. Das Schrillen der Zikaden ist zwar ein Geräusch, das zur Dornsavanne gehört und gerade in den ödesten Stunden der Trockenzeit in der Luft liegt, aber wir Augenmenschen nehmen es meist gar nicht wahr. Anders ist das mit den Stimmen der Nacht, mit dem Chor der Grillen und in der Regenzeit dem Konzert der Laubfrösche, dem Schreien der Baumschliefer und dem fernen Grollen der Löwen.

Wenn man in finsterster Nacht, die unter dem Äquator schon um 8 Uhr hereingebrochen ist, langsam und leise in die Savanne hinauswandert und den Strahl der Taschenlampe über den Boden und die Bäume wandern läßt, wird man neben den vom Tage bekannten Zebras und Antilopen viele neue Wanderer in der Savanne treffen. Meist sind sie zu weit entfernt, um als Körper zu erscheinen, aber ihre Augen leuchten in Gelb, Grün oder

Rot aus dem Dunkel auf, wenn der Lichtstrahl sie erfaßt. Dann zeigt sich, daß die Tiere der Nacht weniger scheu sind als die Tiere des Tages. Starr, wie gebannt, blicken sie in das Licht. Wenn sie im Dunkeln bleiben, so kann sie das Licht eines Elektronenblitzgerätes für eine kurze Zeit herausreißen, lange genug, um sie zu erkennen, und für den Kundigen auch lange genug zur Artbestimmung. Mit folgenden Arten ist zu rechnen: Buschbaby, Stachelschwein, Erdferkel, Erdwolf, Hyänen, Schakale, Mangusten, Ginsterkatzen, Zibet- und Falbkatze, Serval, Leopard, Löwe, Löffelhund, Wildschweine, Ducker und Dikdiks. Dazu kommen die Vögel der Nacht, die Eulen, Triele und Rennvögel. Auch der Leuchtkäfer sei gedacht, die zumindet in der Regenzeit die lauen Tropenabende mit ihren Blinklichtern und Leuchtpunkten illuminieren.

Der Serengeti-Nationalpark

Die Serengeti, größer als der ganze Libanon, liegt in 1200 bis 2000 m Höhe im Nordosten Tansanias. Sie ist zum Teil Busch- und Baumsavanne, in ihrem Kernstück im Südosten aber Grassavanne bis an den Fuß ferner Berge. In der Regenzeit ist sie üppig grünes Weideland mit meterhohem Gras und übersät mit Regenzeittümpeln, auf dem weit über eine Million Großtiere leben, der letzte Ort, wo man noch den Wildreichtum Afrikas erleben kann, wie ihn die ersten Europäer antrafen.

Im Oktober, zu Ende der Trockenzeit, sieht die Serengeti aus wie ein ausgetrockneter See mit rissigem Boden und von trostloser Unfruchtbarkeit. Schwärme von Flughühnern mit ihren Jungen sind um diese Zeit die einzigen Tiere, die die Ebene beleben. Die ersten Gewitter im November und Dezember verändern das Bild radikal: Bis Januar überzieht ein dichter Teppich aus noch kurzem Gras, überstreut mit weißen und gelben Blumen die Serengeti, und von allen Seiten, vor allem von Norden her sind riesige Wildherden hergezogen und haben sich über die ganze Fläche verteilt, allen voran Hunderttausende von Streifengnus und kaum weniger Zebras und Thomsongazellen. Mit den Wildherden sind auch um 3000 Löwen und 3000 Hyänen und zahlreiche Schakale eingetroffen. Geier aus 6 Arten kreisen über den Herden. Anfang Januar werden die ersten Gnukälber geboren, fallen aber ausnahmslos den Räubern zum Opfer. In den nächsten Wochen werden aber weitere Hunderttausende von Kälbern geboren, viel mehr, als alle Räuber fressen können, und darum bleiben die meisten am Leben. Minuten nach der Geburt stehen sie schon auf wackeligen Beinen, Stunden später folgen sie der Mutter, und Wochen später sind sie für die Räuber keine leichte Beute mehr. Spätgeborene dagegen haben wieder keine Überlebenschance.

Anfang Mai reißt die dichte Regenzeitbewölkung auf, und Mitte Mai fallen die letzten ergiebigen Niederschläge. Die Serengeti wird langsam gelb. Um diese Zeit besetzen die kräftigsten Gnubullen Reviere, die sie gegen Rivalen erbittert verteidigen, und die Kühe drängen in die Territorien, um sich begatten zu lassen. Wird ein Bulle, erschöpft vom endlosen Kampf, von Raubtieren gerissen, so drängen sich Junggesellen danach, seinen gefährlichen Platz einzunehmen.

Ende Mai versiegen die Regenzeittümpel, und das Gras ist verdorrt. Jetzt sammeln sich die Gnus zu einer riesenhaften Herde, einem brüllenden Chor, und beginnen Tage später die große Wanderung. Mit ihnen ziehen einige hunderttausend Zebras. Die Herden ziehen im Gänsemarsch, in endlosen, parallelen Reihen, und das Dröhnen ihrer Hufe wird übertönt vom Brüllen der Heerscharen. Ein Teil wandert nach Westen zu den sumpfigen, immergrünen Niederungen am Viktoriasee, ein Teil nach Norden bis in das Masai-Mara-Gebiet in Kenia. Reißende Flüsse mit Steilufern sind zu überqueren, die für viele Tiere zur Todesfalle werden. Die Herden kommen an Tümpeln vorbei, in denen sich riesige Krokodile so an Gnufleich mästen, daß sie anschließend fasten bis zur nächsten Wanderung. Auf guten Weidegründen rasten die Scharen und verteilen sich zum Weidegang.

Nach den Gnus verlassen auch die Thomsongazellen die Serengeti, und als letzte suchen die Strauße in der fortgeschrittenen Trockenzeit gastlichere Weidegründe auf.

Die Kalahari

Die Kalahari, so groß wie Frankreich, ist im Westen eine Halbwüste, im etwas feuchteren Osten eine Akazienhalbwüste. Nirgends fallen mehr als 250 mm Regen im Jahr, aber die Trockenheit alleine macht noch keine Wüste. Dazu kommt die Hitze, unter der das Wasser rasch verdunstet.

Die Kalahari ist weithin eine abflußlose Beckenlandschaft. An den tiefsten Stellen liegen große Salzpfannen, zu denen das Wild von weither zieht, um Salz zu lecken. Das Wüstenklima entsteht, weil hier die Luftmassen, die, von der Sonne aufgeheizt, über den inneren Tropen aufgestiegen sind, wieder herabsinken, und dabei lösen sich die Wolken auf. Die Wüsten haben das ganze Jahr über so etwas wie eine Föhnwetterlage.

Es gibt in Südafrika einen Kalahari-Nationalpark, aber vor allem schützt sich die Kalahari selber durch ihre Wasserlosigkeit. Nur die Buschmänner konnten hier leben, kleine, zierliche Menschen, die wie das Wild ihren Wasserbedarf allein aus dem Taufall und aus saftigen Früchten und Wurzeln deckten. In den weglosen, mit Dornbusch bestandenen Weiten konnten sie nach den Sternen navigieren wie die Zugvögel. Heute findet man die Buschmänner eher als Farmarbeiter bei den Buren, und die Buschmannmaiden trifft man eher in der Dorfdisko als in der Wüste.

Reisende in der Kalahari müssen vorsichtig sein. Wasser gibt es nicht, Menschen auch nicht, die Wege sind sandig, und schon wenige Meter abseits der Wege glaubt man im Busch die Orientierung verlieren zu müssen. Dafür entschädigt die Kalahari mit einem Gefühl von Freiheit und Frieden und von Unendlichkeit, wie es nur die Wüste zu geben vermag.

Dornsavanne im Tsavo-Nationalpark (Kenia)

Die Dornsavanne bedeckt den größten Teil von Nordkenia und reicht im Norden nach Somalia und Äthiopien und weiter westlich bis zu den Ländern Westafrikas. In ihrem Bereich fallen in zwei bis fünf Monaten Regenzeit 200 bis 700 mm Niederschlag. Bahn und Straße von Mombasa nach Nairobi durchqueren die Dornsavanne, die vor allem den nördlichen Parkteil bedeckt.

In den heißen Tagesstunden während der Trockenzeit wirkt die Dornsavanne trostlos öde: Die Büsche und eingestreuten niedrigen Bäume haben das Laub verloren, das Gras ist dürr und farblos, und dazwischen tritt überall, zu Platten zerrissen, hart getrockneter roter Lehmboden zutage. Das Dorngestrüpp ist schier undurchdringlich und versperrt auch nach wenigen Metern die Sicht, an den vertrockneten Kräutern hängen Kletten, die sich durch Kleidung und Haut bohren. Der Singsang von Zikaden ist oft das einzige Lebenszeichen.

Etwa ab 4 Uhr am Nachmittag zeigt sich mehr Leben: Die Standvögel des Dornbuschs suchen nun Nahrung für die lange Nacht, Schlangen gleiten durch das Fallaub, an den wenigen verbliebenen Wasserstellen tauchen die ersten Gazellen auf. Fährt man bei Nacht in den Dornbusch und leuchtet ringsum, so glimmen im Scheinwerferlicht die Augen von Ginsterkatzen und anderen Kleinräubern auf, über die Wege eilen Rennvögel und im Lichtschein flattern Nachtschwalben und Eulen.

Eine Woche nach Beginn der Regenzeit ein ganz anderes Bild: Die Büsche sind ergrünt und manche mit Blüten übersät, daß man an einen Obstgarten im Mai erinnert wird. Gras ist aus dem Boden geschossen, die Vögel singen und Schmetterlinge fliegen. Die Luft ist klar, der Nachmittag von Wolkentürmen beherrscht und der Abend von zerrissenem Gewölk, das von der letzten Sonne in verschiedenen Rottönen beleuchtet wird. In der Nacht zeugt Wetterleuchten ringsum von der Gewalt der Tropengewitter.

Die Regenzeit dauert etwa 2 Monate, Zeit genug für die Kleinvögel, um ihre Jungen aufzuziehen. Wenn der Regen aufgehört hat, fällt das Laub, und die Kräuter verdorren. Die Sonne brennt wieder vom weißgrauen, blendend hellen Himmel.

Für menschliche Besiedlung ist der Dornbusch weithin ungeeignet, weil es an Trinkwasser fehlt. Gemessen an diesem Engpaß war der Dornbusch schon immer bis zum Bersten mit Menschen überfüllt. Es gibt Dörfer, zu denen die Frauen alltäglich aus 15 km Entfernung die Wasserkrüge schleppen, und wenn in den letzten 3 Monaten der Trockenzeit das letzte Wasser versiegt, stillen die Menschen ihren Durst nur noch mit Melonen. Aber auch, wo Menschen nicht dauernd siedeln können, sind sie vorhanden: Honigsammler ziehen durch den Busch. Sie brechen mittags auf, schlafen im Busch und kommen am nächsten Abend, von Durst bedroht, in ihr Dorf zurück. Auch Jäger sind unterwegs, früher mit Giftpfeilen, heute mit Schußwaffen, und sie schießen auf alles, was ihnen eine Patrone wert ist, sei es nun Tier oder, seit jeher und mehr und mehr, auch der Mensch.

Hochgrassavanne

In der Dornbuschsavanne ist Gras überall als dichter Unterwuchs vorhanden, und vielerorts gibt es kleine, grasbewachsene Lichtungen. An anderen Stellen werden die Lichtungen größer, die Flecken fließen zu Grasland mit eingestreuten Buschgruppen zusammen, und schließlich findet man ein wogendes Grasmeer bis zu fernen Berghängen, in denen nur die Burgen und Türme der Termitenbauten die Gleichförmigkeit unterbrechen.
In der Regel ist das Grasland auf die ebenen Senken beschränkt, während an den Hängen und auf den Hügeln der Dornbusch herrscht. Ich weiß nicht, warum im Tal die Büsche nicht das Gras überwuchern. Sicher spielen die Niederschläge eine Rolle: In feuchten Klimaten siegt der Wald. Aber auch die alljährlichen Überschwemmungen des Flachlandes während der Regenzeit können dem Busch abträglich sein. Sicher begünstigen zudem die häufigen Steppenbrände das Grasland, denn wenn das trockene Gras auflodert und sich Rauchtücher über die Landschaft legen, überleben feuersicher im Boden die Wurzeln und Knospen der Gräser, während die Büsche wie Fackeln verbrennen. Auch der Wildverbiß begünstigt das Gras. Es kann wieder austreiben, während der Busch seine Zweige einbüßt.

Die Wildherden nutzen das Gras sehr schonend, einmal, weil die verschiedenen Arten verschiedene Gräser fressen, und zweitens, weil die Herden wandern und so dem Gras rgelmäßige Zeiten der Erholung geben. Ganz anders die Viehherden der Afrikaner: Sie beweiden den Umkreis der Viehtränken in wenigen Jahren bis zur völligen Verwüstung. Daher kommt wohl auch der krasse Unterschied im Aussehen zwischen Wild- und Haustieren: Die Büffel, Zebras und Antilopen strotzen von Kraft und Gesundheit, während sich die Herden der Massai und Turkana, aber genauso auch der Fulbe in Westafrika unsäglich langsam über die weithin zu Staub zertretene Savanne schleppen, als fehlte ihnen die Kraft zu einem schnellen Schritt, und die Rinder sehen aus wie wandelnde Gerippe.

Kein Platz der Welt ernährt so viele Großtiere wie die Grassavanne. In den Schutzgebieten präsentiert sie sich zumindest in der Regenzeit von Wildtieren übersät. Wo aber keine Ranger über die Wildtiere wachen, ist die Savanne am Tage wildleer, und falls noch Tiere überleben, so sind sie sehr scheu und zum Nachtleben übergegangen.

Der Unterschied zwischen Savanne und Steppe liegt im Klima: Savannen kennen keine Winter, Steppen sind winterkalt. Übrigens gehören auch unsere Getreidefelder zu den Grassteppen, und auch sie ernähren pro Fläche mehr "Fleisch" als Wälder und Seen.

Galeriewald

Wo immer Flüsse die Grassavanne durchqueren, und seien es auch nur in der Regenzeit wasserführende, ist ihr Ufer von Bäumen bestanden. In engen Kerbtälern bilden sie oft nur eine alleeartige Baumreihe, aber wo die Ufer flach sind, entwickelt sich ein Galeriewald, wie man ihn sehr schön im Oberlauf des Athi-Flusses im Nairobi-Nationalpark findet. Der Athi fließt dann weiter bis in den Tsavo-Park, wo er in den Galana mündet.

Der Nairobi-Nationalpark ist fast ein Weltwunder: Keine 10 km vor der Millionenstadt bietet er auf gut 100 Quadratkilometer Fläche fast alles, was man auf einer Fotosafari in Afrika zu sehen wünscht: 80 Arten von Säugetieren leben hier, 15 weniger als im fast 200 mal größeren Tsavo-Park. Nur schade, daß die Bewohner von Nairobi, denen der Park ja eigentlich gehört, nichts davon haben: Wegen der Löwen darf man nicht zu Fuß hinein, und ein Auto können sich in Kenia nur die wenigsten leisten.

Der auffallendste Baum der Galeriewälder ist die Fieberakazie mit ihrer gelbgrünen Rinde. Wo sie gedeiht, sind die Malariamücken bei Nacht unterwegs.

In den Galeriewäldern herrscht reiches Tierleben. Auf den höchsten Ästen ruhen Adler und Geier, auf halbhohen Zweigen halten Racken und Würger nach Beute Ausschau, und im dichten Laub brüten die Körnerfresser, die im Grasland nahebei ihre Nahrung finden. Vor allem die Webervögel fallen auf mit lärmenden Kolonien. Das Wild und auch viele Vögel der Savanne ziehen sich in den heißen Stunden gerne in den Galeriewald zurück. Auf einem dicken Ast verdöst der Leopard den Tag, und in einer Astgabel hat er eine erbeutete Gazelle vor Geiern und Hyänen in Sicherheit gebracht. Im Schatten am Boden tun sich Antilopen nieder.

In wildreichen Gegenden ist der Galeriewald kein Platz zum Spazierengehen. Mürrische Büffel können hinter einem Busch liegen und auf die Annäherung mit der Wut eines Kampfstieres reagieren. Auch Löwen schätzen den Schatten und lassen sich ein Schnäppchen nicht entgehen. Wo es Elefanten, die Holzfäller unter den Wildtieren, gibt, hat der Galeriewald viel zu leiden. Wenn sie nicht ganze Bäume umwerfen, so bearbeiten sie wenigstens die Stämme mit ihren Stoßzähnen, um die für sie wohlschmeckende Rinde abzureißen.

Einige Arten des Regenwaldes wie Meerkatzen, Stummel- und Halbaffen dringen entlang der Galeriewälder weit in die Savanne vor. Selten sieht man von ihnen mehr als schwankende Zweige und ein Huschen und bei Nacht die im Scheinwerferstrahl aufleuchtenden Augen, und man hört die Schreie der Nachttiere, vor allem des Baumschliefers.

Wanderdünen in der Namib

Die Namib, etwa so groß wie England, zieht sich an der Küste Westafrika von Angola bis Südafrika hin. Sie gilt als die älteste und trockenste Wüste der Welt und als die mit den höchsten Wanderdünen. Die bis 300 m hohen Sandberge reichen an manchen Stellen bis an den Atlantik.

Entstanden ist die Wüste durch eine kalte Meereströmung, den Benguelastrom, der von der Antarktis her vor der Küste nach Norden fließt. Über ihm kühlen sich die vom Atlantik kommenden Regenwolken ab und regnen sich aus. Von der Küste aus sieht man die Wolkenbänke heranziehen, aber sie lösen sich vor dem Festland auf. Tau und Nebel sorgen allerdings zumindest nachts für etwas Feuchtigkeit. In der Namib leben mehr Wüstentiere als in der viel jüngeren Sahara. Sie sind sandfarben, haben oft durch Hautlappen, Schuppen oder Haarsäume verbreiterte Füße zum Laufen im Sand, und viele vergraben sich am Tage. Manche, wie der blinde Wüstengoldmull, schwimmen durch das Sandmeer und kommen nur selten einmal an die Oberfläche. Die Nager der Wüste gedeihen alleine mit trockenen Sämereien, aus denen sie chemisch ihre Körperflüssigkeit gewinnen. Die Spießböcke der Namib fressen bei Nacht Pflanzenteile, die am Tage verdorren und sich in den feuchteren Nächten wieder mit Wasser aus der feuchten Luft vollsaugen.

Die Etoscha-Pfanne

Die Etoscha-Pfanne im Norden Namibias ist ein abflußloses flaches Becken von etwa 100 km Durchmesser, umgeben von Halbwüste und trockenem Dornbusch. Die Kernzone ist einer der ältesten Nationalparks in Afrika. Man hat hier zusätzlich zu den schon vorhandenen Wasserlöchern mit Tiefbohrungen und Pumpen weitere Wasserstellen geschaffen, an denen man Vertreter aus fast der gesamten Großtierwelt Südafrikas beobachten kann.

In guten Regenzeiten verwandelt sich die Kernzone der Pfanne in einen großen, aber flachen See; aber gerade dann ziehen die Tiere fort: einmal, weil sie nun überall Trinkwasser und frisches Futter finden, und auch, weil der Boden der Pfanne schlammig und für die Tiere der Steppe ungangbar wird. Manche sinken ein und gehen im Schlamm zugrunde. Die Wildwechsel zeigen, daß manche Herden in der Regenzeit bis 400 km weit nach Westen ziehen bis ans Meer, andere wenden sich nach Norden und ziehen durch sandige Halbwüste bis zum Okawanga-Fluß. Während der Regenzeit wird der Park für Touristen gesperrt. Er öffnet wieder am 1. April, zu Beginn der Trockenzeit. Jetzt kehren auch die Wildherden zurück. Sie suchen dabei nicht nur Wasser, sondern auch Salz, das sie vom Seeboden des ausgetrockneten Okawango-Sees begierig aufnehmen.

An manchen Wasserlöchern haben sich Löwen angesiedelt, die den zum Wasser drängenden Tieren nachstellen bis zum letzten Stück.

Bergheide im Ruwenzori-Gebirge

Wer im tropischen Afrika den Bergregenwald und die darüber liegenden Nebelwälder durchstiegen hat, erreicht in 2.700 bis 3.300 m Höhe die Zone der unwirklich aussehenden Bergheiden. Greiskräuter, die wir als Wiesenblumen kennen, Heidekräuter, die bei uns Zwergsträucher sind, werden hier fast baumhoch mit oberschenkeldicken Zweigen und Stämmen, die bei den Greiskräutern einen Blätterschopf tragen. Dazwischen stehen Riesenlobelien mit mastförmigen Blütenständen, die aus Riesenrosetten wachsen. Man hat die kräftige UV-Strahlung in jenen Höhen für den Riesenwuchs verantwortlich gemacht. Unübersehbar ist auch die Anpassung an zumindest zeitweise Trockenheit. Hier, weit über den Regenwolken, bringen vor allem Nebel und Nieselregen die nötige Feuchtigkeit, und regelmäßig gibt es Trockenzeiten.

In den Bergheiden vom Kamerunberg im Westen bis zum Kilimandjaro im Osten leben viele nahe verwandte Pflanzen und Tiere; so kommen etwa 20 Vogelarten auf beiden genannten Berggipfeln vor, fehlen aber in den tieferen Lagen dazwischen. Vielleicht haben sie während der Eiszeiten, als es auch in den Tropen kühler war als heute, die weite Reise quer über Afrika geschafft.

Manche Großtiere, vor allem Elefanten, Büffel und Wildschweine steigen gelegentlich bis über die Waldgrenze auf, und ihnen folgt der Leopard. Man hat manche von diesen Tieren schon am Rande des Ewigen Schnees gesehen.

Bergwandern im Ruwenzori

Die Tallagen um das Ruwenzori-Massiv sind um 1200 m hoch, das ist die Zone der montanen tropischen Regenwälder, wenn nur die Jahresniederschläge 2000 mm übersteigen und in keinem Monat weniger als 80 mm Regen fallen. Hier am Ruwenzori sind die Böden fruchtbar, und das Land ist dicht besiedelt. An die Stelle des Urwaldes sind Bananenplantagen getreten. Ab 1.500 m Höhe hören die Felder auf, und der Pfad führt durch Bergwald, der in den niederen Lagen noch in üppigem Grün prangt und von Affen belebt ist. Mit steigender Höhe werden die Bäume knorriger und wachsen nicht mehr so hoch, der Boden wird moorig, Moose breiten sich aus, Flechtenbärte hängen an den Ästen. Es ist die Zone des montanen Nebelwaldes, die dann in Bergheiden übergeht.

Der Ruwenzori kann von Zaire und von Uganda aus bestiegen werden. In Zaire ist die Garnison von Mutsora der Ausgangspunkt. Hier bekommt man bei der Parkverwaltung die Erlaubnis zur Besteigung, hier werden die Träger und der Bergführer angeworben. In 2100 m liegt die erste Hütte, in 3300 m eine zweite. Die Hütten waren 1987 sehr zerfallen, kaum mehr als ein Dach über dem Kopf. Die Nächte werden kalt.

Von Uganda aus kann man bis zum Basislager bei Ibanda in 1600 m Höhe fahren. Die nächsten Hütten liegen auf 2650 und auf 3400 m. Die Besteigung des vergletscherten Hauptgipfels erfordert alpinistische Ausrüstung und Gehen in der Seilschaft.

Der Nakuru-See in Kenia

Der Nakuru-See ist ein Naturwunder. Ich erinnene mich an die Ergriffenheit, mit der ich zum ersten Mal aus dem Fieberakazienwald trat und auf die Wasserfläche blickte; vor mir ohne Scheu rastende Pelikane, dahinter zogen in feierlicher Prozession Flamingos durch das Wasser, die Luft war erfüllt von Kormoranen, die zur ihrer Brutkolonie strebten. Im Flachwasser vor mir standen Wasserböcke, hoben ohne Scheu die Köpfe und blickten ernst zu mir herüber. Mein Begleiter, ein gläubiger Christ, sagte nur: So muß das Paradies gewesen sein.

Es gibt wohl keinen der führenden Ornithologen der Welt, der nicht schon am gleichen Ort gestanden hätte, und wohl jeder von ihnen ist von der besonderen Stimmung dieses Ortes ergriffen worden. Der Nakuru-See ist aber mehr als ein Heiligtum der Ornithologie. Neben etwa 450 Vogelarten, mehr als in ganz Europa, darunter zeitweise über eine Million Flamingos, wurden hier über 70 Arten von Säugetieren registriert.

Obwohl Nationalpark und überschaubar klein, ist der Nakurusee nicht ungefährdet, denn wenn zuviel Wasser aus dem Zufluß, dem Njoro-River, abgepumpt wird, kann der See austrocknen, zudem können Schadstoffe über den Zufluß in den See gelangen, die dort das Algenwachstum, Basis der Lebenspyramide im See, zerstören könnten.

Der Bogorio-See, Salzsee im Grabenbruch

Schon die Anreise von Nakuru aus etwa 100 km nach Norden ist eindruckvoll. Sie führt weithin durch beinahe menschenleeren, in der Trockenzeit dürren Akazienbusch, höchstens daß einmal ein Ziegenhirte mit einer kleinen Herde die Straße quert. Der See liegt an einer engen Stelle im Graben - Felswände steigen auf, in denen die Horste des Kaffernadlers, einer der Kostbarkeiten des Baringo-Nationalparks. Eine weitere ist der Hemprich-Toko, der hier am Südrand seines Verbreitungsgebietes ist, und der Helmstar, für den das gleiche gilt. Der Toko fällt auf, wenn er zu Beginn der Regenzeit von einer Zweigspitze aus unter den seltsamsten Verrenkungen und mit Flügelwinken seinen Balzruf erschallen läßt.

Im Grabenbruch bricht Afrika auseinander, und daß diese unruhige Zone der Erdkruste weiter aktiv ist, zeigt sich am Westufer des Sees: Hier gibt es heiße Quellen, und Geysire spucken regelmäßig Fontänen kochenden Wassers aus. Die Quellen werden von Vögeln zum Trinken aufgesucht, denn der See enthält Bitterwasser, das keinen Uferbewuchs aufkommen läßt. Im See aber lebt eine Blaualge der Gattung Spirulina und färbt das Wasser grün. Sie ist die Nahrung für Hunderttausende von Zwergflamongos, die sich an manchen Stellen als rosa Fläche zusammendrängen. In ihren Heerscharen findet der Schreiseeadler reiche Beute.

Der Lake Jipe im Tsavo-Park

Der Lake Jipe liegt am Südrand des Tsavo, das südliche Ufer ist ein steiler Berghang, der schon zu Tansania gehört. Bei Nacht leuchten von drüben Feuer, hier wohnen Menschen, und ich stelle mir vor, daß sie hier geboren werden und sterben, ohne daß je eine Behörde von ihnen gewußt hätte, ohne Geburtsurkunde, ohne Steuererklärung, ohne Trau- und Totenschein. Manchmal kommt ein Fischer vom jenseitigen Ufer mit Einbaum und Stechpaddel, um seine Netze auszulegen.

Das dieseitige Ufer ist flach und von Schilf bewachsen, das sich weiter draußen in Schilfinseln auflöst, aus denen der Lärm junger Reiher erschallt. Vor dem Schilf liegt ein geschorener Rasenstreifen, weiter landeinwärts beginnt der Dornbusch mit eingestreuten Akazien, auf denen Greifvögel ihre Horste haben. Nur selten kommen Touristen hierher. Sie finden ein Vogelparadies. An den wenigen Stellen, wo das Ufer nicht bewachsen ist, stochern Säbelschnäbler im Schlamm, waten die Reiher des tropischen Afrikas, davor fischen Pelikane, auf umgebrochenem Schilf trocknen Riedscharben ihr Gefieder. Gegen Sonnenuntergang treten Riedböcke aus dem Schilf auf den Rasenstreifen, und große Fischotter buckeln von einem Wasserloch zum anderen. Es ist ein stiller, friedlicher Platz, und wo die Straße aus dem Park den See erreicht, liegt ein Wildhüterposten, wo man die Zelte aufschlagen oder in Hütten schlafen kann.

Der Naivasha-See

Etwa doppelt so groß wie der Chiemsee und etwa eine Autostunde nördlich von Nairobi im Grabenbruch gelegen. Der Naivasha-See ist ein Süßwassersee und berühmt als Vogelparadies. Etwa 350 Arten sind hier heimisch, darunter 90 Arten von Wasservögeln. Auf der freien Wasserfläche fischen Kormorane, Haubentaucher, Schwarzhalstaucher und Weißbartseeschwalben. In den flachen Uferbereichen gedeiht eine üppige Wasserpflanzengesellschaft, vor allem von Laichkräutern. Von ihrem Gedeihen hängt der Fisch- und Vogelreichtum des Sees ab. Noch weiter zur Küste hin sind die Buchten mit einem dichten Teppich von Schwimmfarn (Salvinia molesta) bedeckt, der von Menschen eingeführt wurde. Auf den Schwimmfarnmatten balancieren Blatthühnchen, Langzehenkiebitze und Grünfüßige Teichhühner. Nord- und Westufer verschwinden unter einem bis kilometerbreiten Papyrussumpf, dem man sich kaum nähern kann, da er auf der Landseite von leicht erzürnbaren Kaffernbüffeln und auf der Wasserseite von ebenso reizbaren Nilpferden bewohnt wird. An den wenigen vegetationsfreien Uferstellen treffen sich afrikanische Watvögel mit Wintergästen und Übersommerern aus Europa. An die Ufersümpfe schließt sich noch ein vogelreicher Grundwasserwald mit Fieberakazien an, in denen die Schreiseeadler nisten.

An der Stichstraße zum See liegen Hotels, ein Campingplatz mit Bootsverleih, der alleine so interessant ist, daß man dort tagelang beobachten kann. Die dicken "Wasserratten" sind aus Amerika importierte Nutrias.

Pinselohrschwein, Buschschwein, Bush-pig, Potamochoerus porcus

Die Urwaldrassen prachtvoll rotbraun, die Steppentiere braungrau, immer aber mit weißem Backenbart und Rückenstrich und mit Pinselohren. Schulterhöhe 60 bis 80 cm, Gewicht um 80 kg.

Die Tiere leben sehr ähnlich wie unser Wildschwein in Rotten, alte Keiler auch als Einzelgänger im Wald, in Dickicht und Hochgras, meist an feuchten Orten. Sie grunzen und quieken wie Schweine, graben mit ihrem Rüssel den Boden um und können die einheimischen Bauern zur Verzweiflung bringen. In Schutzgebieten sind sie tagaktiv, sonst scheu und nächtlich. Kommt man ihren längsgestreiften Frischlingen zu nahe, so können sie auch den Menschen angreifen, Schakale, Hyänen und selbst den Leoparden schlägt eine wütende Buschschweinrotte in die Flucht. Dennoch fallen viele dem Leoparden oder dem Löwen zum Opfer. Jung in Menschenhand gekommene werden anhänglich wie Hunde.

Das Pinselorschwein gehört zu den wenigen Säugetieren Afrikas, die, und zwar mit einer eigenen Rasse, auch in Madagaskar vorkommen.

Warzenschwein, Wart Hog, Phacochoerus aethiopicus

Unverwechselbar, Schulterhöhe bis 85 cm, Keiler bis 105 kg, Bachen bis 70 kg.

Das Wildschwein der offenen Savannen, auch weit vom Wasser entfernt. In Schutzgebieten tagaktiv, sonst nächtlich. Die Tiere laufen behende, fast wie Antilopen, oft mit hochgerecktem Schwanz. Sie fressen Gras, Wurzeln, Früchte und tierische Beikost. Zum Graben lassen sie sich auf die Knie nieder. Sie trinken gern und wälzen sich im Schlamm, kommen aber auch ohne Wasser aus.

Gewöhnlich in Paaren oder Familien, deren Mitglieder sich zärtlich beknabbern oder anstupsen; aber auch Einzelgänger kommen vor. Die Rotte schläft in Erdlöchern, etwa erweiteren Erdferkelhöhlen, die so eng sind, daß sie nur auf dem Bauch hineinkriechen können, sie tun es immer mit den Hinterende voran. In einem manchmal mit Gras gepolsterten Kessel werden auch die Jungen geboren.

Die Frischlinge haben viele Feinde, aber wenn sie in der Not um ihr Leben quieken, stürzen die Eltern zur Verteidigung herbei und können einen Leoparden vertreiben. Viele werden von Löwen gerissen und manchmal auch von hungrigen Löwen bei Nacht ausgegraben und unter fürchterlichem Gequieke aus ihrer Höhle gezogen.

In Nationalparks entdecken manche ihre Vorliebe für Campingplätze, weil es da immer etwas zu fressen gibt. Jung aufgezogene werden anhänglich wie Hunde.

Pinselohrschwein

Warzenschwein

Zwergflußpferd, Pigmy Hippo, Choeropsis liberiensis

Rundlicher als das Flußpferd und mit 75 cm Schulterhöhe und bis 250 kg Gewicht so groß wie ein Hausschwein. Die Haut ist feucht und schleimig. Die Eckzähne wirken wie die Schenkel einer Schere zusammen und schleifen sich aneinander ab.

Als heimlicher Einzelgänger in Sümpfen und Dickichten an Flußufern, von wo die Tiere nachts auf tunnelartig ausgetretenen Pfaden zum Weiden weit ins Land gehen. Tagsüber ruhen sie gern unter überhängenden Ufern und stürzen sich erst auf der Flucht ins Wasser. Im Gegensatz zum Flußpferd einzelgängerisch; Artgenossen werden mit aufgerissenem Maul bedroht und vertrieben.

In seiner Heimat von der Ausrottung bedroht. Die Tiere vermehren sich in Gefangenschaft ohne Probleme, aber die Zuchtgruppen sind vielleicht zu klein für eine langfristige Arterhaltung.

Flußpferd, Hippo, Hippopotamus amphibius

Schulterhöhe der Bullen bis 150 cm, Gewicht bis 4000 kg, damit das drittschwerste Landtier der Erde. Bei einem 1.500 kg schweren Flußpferd wiegt die etwa 5 cm dicke Haut alleine 250 kg, 600 kg sind Muskeln, die Leber wiegt 27 kg, und nur 30 kg sind Fett.

Einst in allen afrikanischen Flüssen mit grasigen Ufern, erst 1834 im Nildelta ausgerottet, heute fast nur noch in Nationalparks. Am Edwardsee zu Füßen des Ruwenzori leben über 35.000 sie haben das Land bis 10 km vom Wasser in eine öde Steppe verwandelt; dafür düngen sie das Wasser und sind somit Ursache für einen großen Fischreichtum. Sie ersteigen in der Dunkelheit auch sehr steile Flußufer, notfalls in Serpentinen, und grasen bis 100 m über dem Wasserspiegel. In einer Nacht fressen sie 60 bis 150 kg Gras. Ihr Magen ist 4 Meter lang, der Darm um 60 Meter.

Flußpferde sind sehr wehrhaft. Sie haben mit ihren samt Wurzel bis meterlangen Zähnen schon Löwen getötet, Autos demoliert und auch schon viele Menschen umgebracht, vor allem Frauen, die zum Wasserholen ans Wasser kamen. Auch unter den Bullen gibt es fürchterliche und manchmal tödliche Kämpfe. Sie erreichen an Land als lebende Muskelberge unglaubliche 45 Stundenkilometer. Sie haben die lauteste Stimme von allen Tieren Afrikas. Sie haben keine naürlichen Feinde und können 50 Jahre alt werden. Wenn aber ihr Wasserloch austrocknet, kommt es zu Tiertragödien.

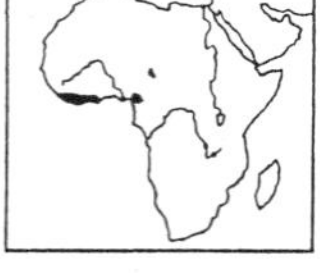

Zwergflußpferd

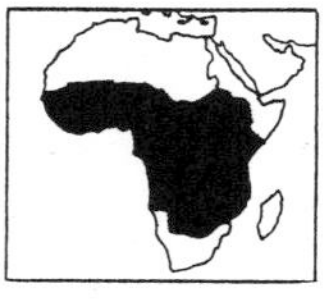

Flußpferd

Giraffe, Giraffe, Giraffa camelopardis

Mit bis 5,8 m das höchste Landtier der Erde, Gewicht bis 800 kg. Die Artbeschreibung übernehme ich von Kurt Floericke, dem "Grzimek der Jahrhundertwende": "Hier hat die Natur eine Fülle von Kraft und Zeit an ein hinfälliges Geschöpf vergeudet, einen wehrlosen Riesen, der nichts Königliches an sich hat und den man nur mit Mitleid betrachten kann. Der Rücken fällt zu steil abwärts, der Schwerpunkt erscheint zu weit nach vorne gerückt, als daß das Tier menschlichen Schönheitsbegriffen entsprechen könnte; aber das unendlich sanft, fast ein wenig wehmütig blickende Gazellenauge entwaffnet jede Kritik." Auch das war die "gute alte Zeit".

Giraffen sind Wiederkäuer, die zum zweiten Kauen die Nahrung 3 Meter hoch durch den Hals pumpen. Wenn sie den Kopf zum Trinken um 5 Meter senken, bleibt der Blutdruck im Gehirn dennoch konstant. Giraffen erreichen im Galopp mit grotesken Bewegungen bis 50 Stundenkilometer. Sie können auch schwimmen. Sie sind tagaktiv, schlafen in der Nacht aber nur etwa eine halbe Stunde in vielen kurzen Abschnitten. Die Geburt erfolgt trotz der großen Fallhöhe im Stehen, das Fohlen ist dann schon 1,80 Meter hoch. Es trägt bei der Geburt schon die Stirnzapfen, doch sind sie noch angelegt.

Vor der Eiszeit gab es Giraffen auch in Europa. Eine weitere Giraffenart wurde vor vielleicht 3.000 Jahren von den Sumerern ausgerottet. Die alten Ägypter, die es mit allen Tieren versucht haben, hielten sich zahme Giraffen als "Haustiere".

Kirkdikdik, Kirk's Dik-Dik, Madoqua kirki

Die Nase ist etwas verlängert und rüsselartig beweglich. Zwischen den Hörnern ein in der Erregung aufstellbarer Haarschopf. Fellfärbung grau, nur die Füße rostrot und ein weißer Augenring. Gewicht um 5 kg, etwas schwerer als ein Hase.

Einzeln, zeitweise auch in Paaren in trockener Dornbuschsavanne, oft in der Nähe von Felsen. Die Tiere sind reviertreu und markieren die Reviergrenzen mit einem Sekret aus Drüsen vor den Augen. In ihrem Revier kennen sie jeden Winkel und Fluchtweg und treten Pfade aus. Tag- und nachtaktiv, zumindest in Mondscheinnächten. Ihr Warnruf ist ein heller Pfiff. Sie drücken sich bei Gefahr, springen plötzlich auf und flüchten hakenschlagend und mit eingestreuten hohen Sprüngen, die man Orientierungssprünge nennt. Das Kitz ist bei der Geburt kaum größer als ein Meerschweinchen, wie diese Zwerggazellen mit den großen Nachtaugen und den bleistiftdicken Beinen zum Zierlichsten gehören, das man sich denken kann. Zudem sind sie wenig scheu. Von den Eingeborenen werden sie mit der Wurfkeule gejagt.

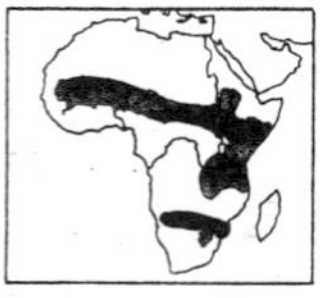

Giraffe

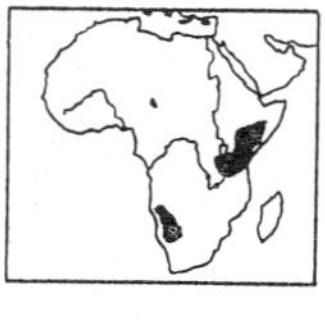

Kirkdikdik

Klippspringer,
Oreotragus oreotragus

Kopf breit, Geißen meist hornlos, Schulterhöhe bis 60 cm, bis 20 kg. Die Tiere stehen gleichsam auf den Zehenspitzen.

Einzeln, paarweise oder in kleinen Gruppen in Felsen und Geröll. Meist verrät ein durch die Nase ausgestoßener Warnpfiff die Kletterartisten. Sie können zwischen senkrechten Wänden hin- und herschnellend hochklettern, bis 7 m in die Tiefe springen, auf einer Felsspitze von der Größe einer Münze landen. Bei der Flucht hüpfen sie wie Bälle über die Felsen, halten nach etwa 25 m an und schauen zurück. Das Fell sitzt so locker, daß ein Feind leicht mit einem Maulvoll zurückbleibt. Morgens und abends vor ihrer Felsfestung beim Grasen, nie an der Wildtränke. Das Kitz beginnt am 1. Tag zu klettern.

Steinböckchen, Steenbok,
Raphicerus campestris

Große Ohren und ein schwarzer Keilfleck über der Nase, Schulterhöhe 45 bis 60 cm, viel kleiner als ein Reh.

Der Bock trägt spitze, fast gerade, kaum ohrlange Hörner. Einzeln, paarweise oder mit einem Kitz zwischen Dünen, in Dornbusch- Gras- und Baumsavanne, reviertreu und tagaktiv.

Die Tiere flüchten mit erhobenem Kopf und eingelegten Orientierungssprüngen, sie sind Meister im Verstecken und sollen sogar in Erdferkelröhren schlüpfen. Sie brauchen nicht zu trinken.
Das Kitz folgt schon am 1. Tag der Mutter, die es gegen schwächere Feinde vertreidigt. Nicht scheu, von den Eingeborenen mit der Hundemeute gejagt.

Schirrantilope, Bushbuck, Tragelaphus scriptus

Meist mit 6 bis 8 senkrechten und 2 waagerechten Flankenstreifen. Von der Nase bis zu den Augen ein dunkels Band auf dem Nasenrücken. Männchen mit um 30 cm langen Hörnern, Weibchen hornlos. Schulterhöhe 70 bis 100 cm. Gewicht 50 bis 80 kg. Der Rücken erreicht über den Hinterbeinen seine größte Höhe.

Schirrantilopen sind heimliche, meist nächtliche Dickichtbewohner, sie fressen Blätter und Gras und scharren Wurzeln aus. Sie müssen täglich einmal trinken, manche flüchten auch ins Wasser. Sie sind mehr als andere Antilopen Einzelgänger. In der Erregung stellen die Böcke die Rückenhaare auf und bellen.

Die Kitze werden abgelegt. Wie bei den anderen "Ablegern" besucht die Geiß ihr Kitz nicht an seinem festen Ruheplatz, um keine verräterische Duftspur zu legen. Vielmehr ruft sie es zu sich, leckt es nach dem Säugen sauber, und das Kitz, das selber noch geruchlos ist, kehrt allein zu seinem Liegeplatz zurück.

Von der Schirrantilope gibt es viele Unterarten, im Bild ein Tier aus dem Senegal.

Klipp-
springer

Stein-
böckchen

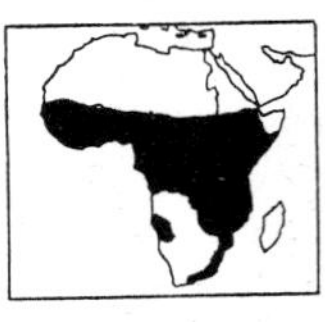

Schirr-
antilope

Elenantilope, Eland, Tragelaphus oryx

So groß wie ein Rind, Bullen bis 1000 kg, Kühe bis 600 kg. Schulterhöhe im Norden bis 190 cm, die größte Antilopenart.

Im trockenen Dornbusch und in Trockenwäldern. Die Tiere machen weite Wanderungen mit den Jahreszeiten. Sie sind scheu und machen auf der Flucht unglaubliche Hoch-Weitsprünge, manchmal übereinander. Auch der Gang ist leichter, als man es von einem so schweren Tier erwartet. Der Büffel überlebt durch Tapferkeit, der Elen durch Furcht.

Seit 1896 lebt eine Herde von etwa 50 Elenantilopen auf dem Versuchsgut Ascania-Nova in der Ukraine. Die Tiere werden dort wie Rinder gehalten. Sie sind resistent gegen die meisten Rinderseuchen. Handaufgezogene Kühe lassen sich melken. Sie geben bis 7 Liter Milch pro Tag mit einem Fettgehalt von 10 bis 14 %. Die Tiere paaren sich mit Kühen, und man kennt unfruchtbare Mischlinge.

Die Herde in Ascania-Nova zeigte mit der Zeit schwere Inzuchtschäden, die die Hoffnung dämpfen, man könne in Freiheit ausgerottete Arten durch Zoozuchten in Zeiten hinüberretten, in denen die Menschen ihnen in ihrer Heimat eine sichere Zuflucht bereiten.

Spießbock, Oryx, Oryx gazella

Mit dem schwarz-weißen Gesicht und den über meterlangen Hörnern unverwechselbar. Schulterhöhe 120 bis 140 cm, Gewicht bis 225 kg und darüber.

In 7 Unterarten in den Wüsten, Halbwüsten und Grassavannen von Arabien bis zur Kalahari. In Kenia heißen die Tiere Beisa, in Südafrika Gemsbok. Die Tiere wandern einzeln oder in kleinen Trupps durch die Weiten ihrer Wüstenheimat. Sie fressen vor allem bei Nacht, wenn die Wüstenpflanzen die Feuchtigkeit der Luft aufnehmen und dann mehr Wasser enthalten als am Tage.

Spießböcke flüchten nicht sehr schnell, halten aber ihren Galopp über 15 bis 20 km durch. In die Enge getrieben machen sie kehrt und greifen sehr entschlossen an. Sie haben auch schon Menschen attackiert und Hunde und Löwen aufgespießt. Die Hörner sind meist bis 120 cm lang, der Rekord liegt aber bei 2 Meter, wobei die Weibchen längere Hörner haben als die Männchen, ein Hinweis darauf, wie energisch sie ihre Jungen verteidigen. Gegen Artgenossen setzen die Böcke ihre tödliche Waffe nicht ein, sondern schieben sich hin und her und versuchen, sich aus dem Gleichgewicht zu bringen. In der Paarungszeit vertreiben die Oryxbullen andere Gazellen und auch Menschen aus ihrem Revier. An Stellen in der Kalahari, wo Oryx und Menschen zusammentreffen können, hat man daher Schilder aufgestellt mit der Aufschrift "Beware of Gemsbok".

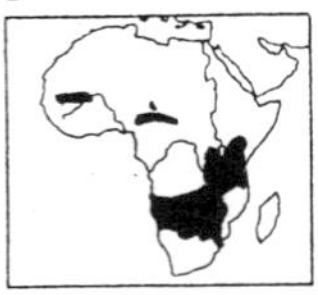

Elenantilope

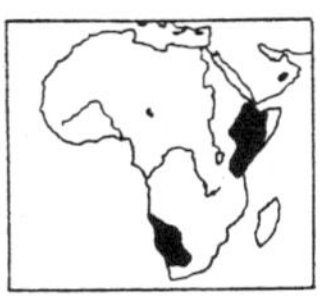

Spießbock

Kleiner Kudu, Lesser Kudu, Tragelaphus (Strepsiceros) **ımberbis**

Ohne Halsmähne, Kehle und ein Brustfleck weiß, sonst rindengrau mit weißen Streifen. Wohlproportioniert, der "Apoll" unter den Antilopen. Schulterhöhe 90 bis 105 cm, größer als ein Reh.

Einzeln oder in kleinen Gruppen - ein Bock, wenige Geißen und deren Kälber - heimlich wie Phantome in der savanne. Fühlen die Tiere sich bedroht, so erstarren sie in der Bewegung und sind dann nur sehr schwer zu entdecken. Bei größerer Annäherung huschen sie in das Dickicht. Sie fressen Blätter, Früchte und Blüten und verschmähen auch Fische aus einer austrocknenden Lake nicht. Sie kommen monatelang ohne Trinken aus. Die Jungen werden für 2 Wochen abgelegt.

Auf rascher Flucht stellen die Tiere ihre beim Bock bis 40 cm langen buschigen Schwänze auf, so daß deren weiße Unterseite aufleuchtet, ein "mir-nach-Signal" für das ganze Rudel. Gesehen werden die Tiere meist nur durch Zufall und am ehesten im Tsavopark in Kenia.

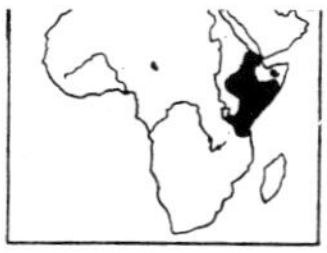

Großkudu, Kudu, Tragelaphus strepsiceros

Mit einer Schulterhöhe bis 170 cm und einem Gewicht bis 320 kg die zweitgrößte Antilopenart. Hornlänge bis 170 cm. Weibchen hornlos. Vom Kleinen Kudu unterschieden durch die Größe und durch eine Mähne auf der Halsunterseite, die dem Kleinen Kudu fehlt.

In Busch- und Baumsavanne, wegen des dekorativen Gehörns vielerorts ausgerottet, aber häufig in der Etoschapfanne, selten auch im Marsabit-Nationalpark in Kenia. Als Waldantilope ist der Kudu weder Sprinter noch Dauerläufer, sondern eher ein Schlüpfer. Bei einer Störung erstarrt er in der Bewegung und vertraut hinter Zweiggewirr seiner Verbergetracht.

Die Tiere fressen Laub und Früchte, aber Gras nur in der Regenzeit, wenn es frisch ist. Sie müssen regelmäßig zur Tränke.

Der Brunftschrei der Kudus soll lauter sein als Hirschröhren, vor der Begattung gibt der Bulle der Kuh durch verschiedene Gesten seine Absicht kund. Kudus sind gewaltige Springer: Auch Zäune von 2,50 m Höhe sind für sie kein Hindernis.

Wasserbock, Waterbuck, Kobus ellipsiprymnus

In Größe und Gestalt ähnlich wie ein Rothirsch, Männchen mit bis meterlangen Hörnern und bis 250 kg schwer, Weibchen hornlos und bis 200 kg. Das Fell ist strähnig und wasserabstoßend, es hat einen eigenartigen Geruch. Es gibt 2 Unterarten: In Ostafrika lebt vor allem der Defassa-Wasserbock mit weißem Spiegel, und im Westen, auch schon am Nakuru-See, der Ellipsenwasserbock mit einer weißgrauen Ellipse auf den "Bollen". Er wird von einigen Zoologen auch als selbständige Art aufgefaßt.

Meist in Schilfbeständen, aber auch einige km vom Wasser entfernt in feuchten Wäldern und Gebüsch. Die Tiere verbringen die heißen Stunden gern im Wasser, wohin sie auch nach Möglichkeit flüchten. Dennoch fallen viele den Löwen zum Opfer. Am Nakuru-See, wo es keine Löwen gibt, sind die Tiere sehr zahlreich und vertraut.

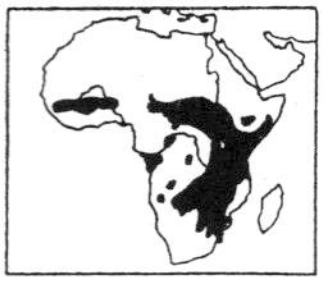

Litschi, Wasserbock, Lechwe Waterbuck, Kobus (Hydrotragus) **lechwe**

Ähnlich der Grasantilope, aber ohne schwarze Streifen auf den Beinen, Haar strähnig; nur die Böcke gehörnt, Schulterhöhe 85 bis 105 cm, etwas größer als ein Reh, aber deutlich massiger, Gewicht der Böcke bis 120 kg.
Gewöhnlich im Flachwasser in überschwemmten Wiesen oder im Schilfdickicht, nur zum Ruhen und Wiederkäuen in den heißen Tagesstunden auf trockenem Boden, mit Vorliebe auf Inselchen und aus dem Wasser ragenden Termitenhügeln. Die Tiere flüchten ins Wasser, erst im Schnelltrab mit vorgestrecktem Hals, dann im Galopp mit eingestreuten Hoch-weit-sprüngen. Ihre Hauptfeinde, die Hyänenhunde und Tüpfelhyänen, folgen ihnen zwar ins Wasser, geben aber doch bald auf, so daß die Tiere in Schutzgebieten sehr häufig und schließlich vom Hunger dezimiert werden können.

Die Antilopen fressen vor allem Sumpfgräser. In Schutzgebieten sind sie in den kühleren Tagestunden aktiv, sonst sind sie scheu und rein nächtlich. Die Kälber werden an trockenen Erhebungen für viele Wochen abgelegt.

Die Litschis sind die Charakterantilopen des Okavango-Deltas.

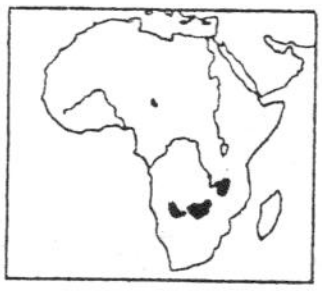

Mendesantilope, Addax, Addax nasomaculatus

Beide Geschlechter tragen das schraubige Gehörn, das, der Krümmung nach gemessen, 1 Meter lang sein kann. Im Sommerfell sind die Tiere weiß mit Braunton, im dichteren Winterfell mehr schmutzig graubraun. Die helle Farbe verrät den Wüstenbewohner, die Hufe sind besonders breit, eine Anpassung an das Laufen im Sand.

In kleinen Trupps auf Wanderschaft in der Wüste, der spärlichen Nahrung nachziehend. Die Tiere wittern die Luftfeuchtigkeit und können erscheinen, wo es kürzlich geregnet hat. Sie kommen mit dem in der Nahrung enthaltenen Wasser aus, trinken aber bei Gelegenheit.

Früher in der ganzen Sahara heimisch, war der Bestand in den siebziger Jahren auf etwa 1000 Tiere zusammengeschrumpft. Da es in ihrem Lebensraum keine Schutzgebiete gibt und solche auch nicht zu überwachen wären, ist die Art aufs höchste bedroht. In einigen Zuchtgruppen bemüht man sich um den Erhalt.

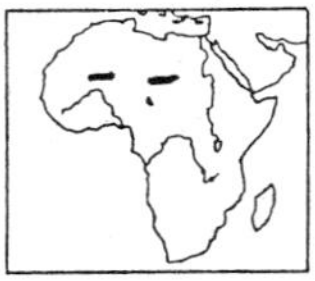

Säbelantilope, Scimitar-horned Oryx, Oryx gazella dammah

Oberseite weißlich, Hörner stark gebogen und beim Weibchen etwas länger als beim Männchen. Schulterhöhe um 120 cm, Gewicht um 200 kg.

Früher durch die ganze Sahara verbreitet, heute durch die Jagd mit dem Geländewagen am Rand der Ausrottung. In kleinen Herden, auch gemischt mit Dama-Gazellen den seltenen Niederschlägen nachziehend. In Dürreperioden graben die Tiere saftige Wurzeln und Zwiebeln aus und brauchen bei dieser Kost nicht zu trinken. Die Tiere setzen in der Verteidigung ihre Hörner wirksam ein, sie können einen Hund damit aufspießen.

Da es am Südrand der Sahara keine Schutzgebiete gibt, hängt die Hoffnung auf Rettung der Art an Zuchtgruppen, vor allem in den USA. Die alten Ägypter, die alle Wildtiere auf ihre Tauglichkeit zum Haustier hin geprüft haben, hatten die Säbelantilope fast zum Haustier gemacht, es waren vermutlich Kriegswirren, die dann doch zum Scheitern der Versuche führten.

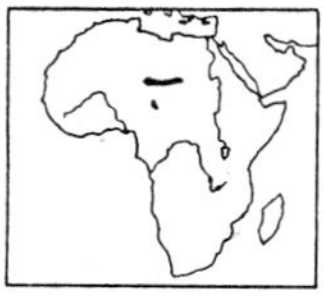

Grasantilope, Kob, Kobus kob

Von hell- bis dunkelbraun mit schwarzem Längsstreif vorne auf den Vorderbeinen und weißem Augenring. Geißen hornlos. Schulterhöhe bis 110 cm, Gewicht bis 90 kg.

In üppiger Grassavanne in der Nähe von Wasser, große Herden noch im Toro-Schutzgebiet in Uganda. Es gibt Weibchenrudel, Junggesellenrudel und gemischte Trupps, in denen die Böcke aber nicht um die Weibchen werben. Vielmehr besetzen die Böcke in der Paarungszeit wochenlang Reviere von Tennisplatzgröße, wo die Weibchen geradezu Schlange stehen. Ein Bock kann sich nur etwa einen Tag auf einem guten Platz behaupten, dann tritt ein ausgeruhter an seine Stelle. Die Böcke kämpfen also, und das gilt für alle Antilopen, nicht um die Weibchen, sondern um die Territorien. Die Weibchen kommen dann von selber. Die Weibchen bleiben etwa 5 Minuten bei einem Bock, dann lassen sie sich noch von weiteren Böcken begatten, den Rest des Jahres leben sie asexuell.

Grasantilopen sind tag- und nachtaktiv. Sie schlafen im Stehen und stellen sich in den heißesten Stunden gern ins Wasser. Die jungen Männchen sind mit eineinhalb Jahren geschlechtsreif, aber erst im 3. oder 4. Jahr kräftig genug, um eines der begehrten Begattungsterritorien zu erobern.

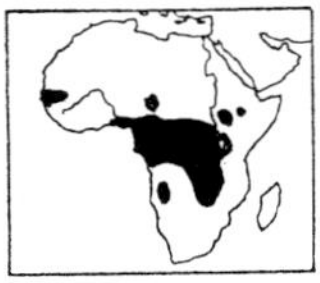

Sumpfantilope, Sitatunga, Tragelaphus spekii

Böcke dunkel graubraun, Geißen rotbraun und hornlos, beide Geschlechter mit weißen Flankenstreifen und -flecken. Der Rücken wird meist etwas aufgekrümmt. Schulterhöhe bis 115 cm, Gewicht bis 110 kg, Böcke mit bis 90 cm langen Hörnern.

Die Sumpfantilope ist fast schon auf dem Weg zum Wassertier. Die Hufe sind bis 10 cm lang und spreizbar gegen das Einsinken im Schlamm, das Fell ist langhaarig, zottig und wasserabweisend eingefettet. Die Tiere leben scheu und heimlich in Schilfsümpfen und Sumpfwäldern. Sie flüchten ins Wasser, schwimmen gut und tauchen bei Gefahr bis auf die Nasenlöcher unter. Tagsüber stehen sie oft bis zum Hals im Wasser. Die Jungen werden an trockeneren Erhebungen im Schilf abgelegt.

Trotz ihres unzugänglichen Lebensraumes ist die Art außerhalb von Schutzgebieten sehr gefährdet: Die einheimischen Jäger treiben sie mit Hunden ins Wasser, dort werden sie vom Boot aus erwartet und abgestochen. Vor dem Menschen war ihr Hauptfeind der Felsenpython.

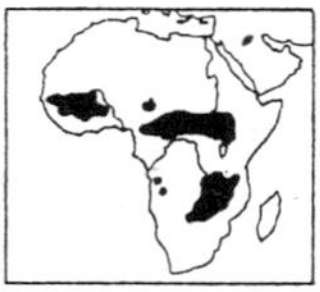

Bergriedbock, Mountain Reedbuck, Redunca fulvorufula

Fell braungrau, Hörner kürzer als beim Riedbock und nach vorne gebogen. Schulterhöhe um 70 cm, Gewicht bis 30 kg, so groß wie ein Reh.

Weniger an das Wasser gebunden als die anderen Riedböcke. meist paarweise oder in kleinen Rudeln in busch- und grasbestandenem Bergland.

Alle Riedböcke haben unter dem Ohr einen kleinen haarlosen Fleck. Man hat lange geglaubt, er diene zum Bestimmen der Windrichtung. Heute weiß man, daß es ein Duftdrüsenfeld ist, dessen Sekret durch Ohrwedeln in die Luft gebracht wird.

Die Tiere sind in der Regenzeit nachtaktiv, aber in der Trockenzeit, wenn das Futter knapp wird, ist die Nacht zu kurz zum Sattwerden, und sie grasen auch am Tage. Bei Gefahr halten sie in der Bewegung inne, dann schleichen sie sich davon oder fliehen mit hohen Sprüngen bei aufgestelltem Schwanz.

Wie bei allen Wald- und Buschantilopen läßt die Mutter das Junge im Dickicht liegen und besucht es nur kurz zum Säugen und zum Reinigen.

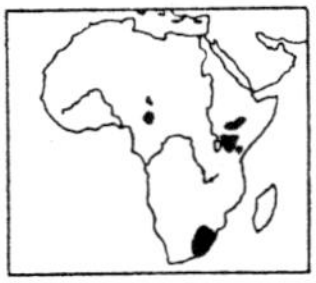

Riedbock, Bohor Reedbuck, Redunca redunca

Fell rötlich, ohne Grauton, am Bauch weiß. Die Hörner sind kräftiger als beim Bergriedbock und nicht hakig nach vorne gebogen. Der buschige Schwanz ist auf der Unterseite weiß und wird als Warnsignal hochgestellt. Schulterhöhe um 80 cm, Gewicht bei 45 kg.

In dicht bewachsenen Sümpfen und Hochgrasavannen in Wassernähe, in kleinen Trupps aus mehreren Weibchen und einem Bock und, was sich aus dem Geschlechterverhältnis ergibt, auch in Junggesellenrudeln. Bei Bedrohung lassen die Tiere einen Pfiff hören. Die Jungen werden im Dickicht abgelegt, während die Mutter in der Nähe wacht und notfalls zur Verteidigung herbeieilt. Erst im Alter von drei Monaten folgen sie der Mutter.

Das Foto stammt vom Lake Jipe im Tsavo, wo die Böcke erst vor Sonnenuntergang aus dem hohen Schilf in die Kurzgrasflächen treten.

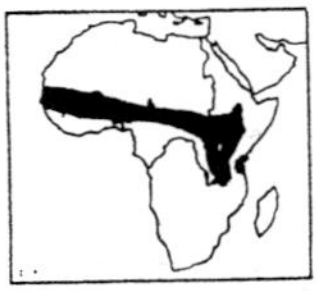

Streifengnu, Hartebeest, Connochaetes taurinus

Grau mit senkrechten Streifen an Hals und Brust, die Kälber rotbraun mit schwarzem Gesicht. Schulterhöhe 125 bis 140 cm, Gewicht 165 bis 265 kg.

In Gras- und offener Buschsteppe. Wo es ganzjährig Wasser und Futter gibt, besetzt ein Gnubulle mit einigen Kühen ein Territorium, die übrigen Bullen stehen außerhalb und warten auf eine Gelegenheit, zum Haremsbullen aufzurücken. Bei den dabei üblichen Kämpfen knien die Bullen nieder und hakeln mit den Hörnern.

Wo in der Trockenzeit das Leben schwer wird, machen die Gnus Wanderungen, wie im Kapitel über die Serengeti beschrieben. In großen Herden kalben fast alle Kühe in wenigen Wochen. Das ist von den Raubtieren herausgezüchtet, indem sie alle zu früh und zu spät Geborenen ausgemerzt haben.

Bei frischer Kost kommen die Gnus bis 5 Tage ohne Trinken aus, an der Tränke können große Krokodile lauern, die die Tiere ins Wasser ziehen. Nähern sich Löwen, so verläßt der Gnubulle nur ungern und als letzter das Paarungsterritorium, darum wird er am ehesten die Beute.

Weißschwanzgnu, Black Wildebeest, Connochaetes gnou

Mit einer Stehbürste auf dem Nasenrücken, langem Kinnbart und Bürstenmähne auf dem Hals. Schulterhöhe um 115 cm, Gewicht 160 bis 180 kg.

In kleinen, standorttreuen Trupps in Gras- und Dornbuschsavannen bis hin zu Halbwüsten. Der Name Gnu beschreibt die Rufe, mit denen die Böcke Rivalen vertreiben. Die Tiere sind sehr ausdauernd und im Galopp von einem Pferd nicht einzuholen.

In der Lebensweise sehr ähnlich dem Streifengnu, nur daß die Tiere nicht wandern.

Das Weißschwanzgnu war um 1900 in Freiheit bereits ausgerottet, alle heute lebenden Tiere stammen aus Zoozuchten und wurden an geeigneten Stellen, auch in der Etoschapfanne, wieder ausgesetzt. Inzwischen ist der Bestand wieder auf 4.000 Tiere angestiegen und damit nicht mehr bedroht.

Als die Buren von etwa 200 Jahren nach Südafrika kamen, müssen dort viel größere Wildherden gelebt haben als heute noch in der Serengeti. Die Buren waren fromme Leute, schließlich waren sie aus religiösen Gründen aus Holland ausgewandert. Für sie war es göttlicher Auftrag, sich die Erde untertan zu machen, und sie sahen es als Gottesdienst an, die Wildherden nach Möglichkeit von der Erde zu vertilgen.

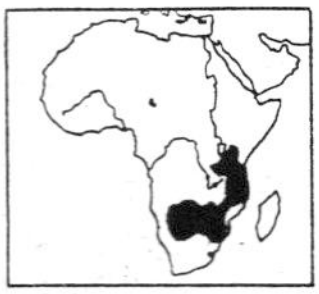

Streifengnu

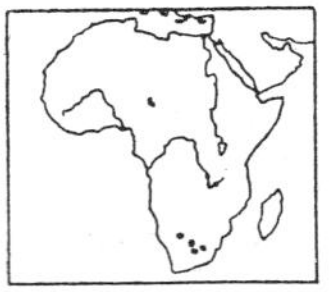

Weißschwanzgnu

Kuhantilope, Hartebeest, Kongoni, Alcelaphus buselaphus

Fast einfarbig lehmgelb bis rotbraun, Gesicht auffallend lang, Hörner doppelt geknickt, fast wie verkrüppelt. Schulterhöhe 120 bis 145 cm, Gewicht bis 220 kg.

In kleinen Trupps in baumloser Savanne bis zu lichter Baumsavanne, oft zusammen mit Zebras und Gnus, mit denen sie auch die Wandertraditionen teilen. Die Weibchen sind an schwächeren Hörnern und meist hellerer Farbe kenntlich. Während die Herde grast, steht meist ein Tier auf Wache, mit Vorliebe auf einem ersteigbaren Termitenhügel (wie ein Antilopendenkmal). Bei Kämpfen untereinander knien die Böcke nieder und hakeln mit den Hörnern. Bei der Flucht folgen alle einer Leitkuh. Sie erreichen dabei 55 Stundenkilometer.

Viele Unterarten wurden beschrieben, von denen einige auch als selbständige Arten eingeschätzt werden. Die abgebildeten Tiere stammen aus dem Tsavo.

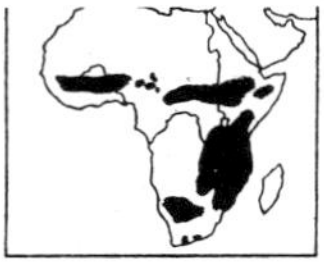

Leierantilope, Topi, Damaliscus lunatus

Das Gesicht ist lang und die Augen liegen sehr hoch (ergibt einen besseren Überblick). Das Fell ist seidig glänzend, Gesicht und Schenkel sind schwärzlich. Schulterhöhe um 130 cm. Gewicht bis 150 kg.

In locker bebuschter Hochgrassavanne in kleinen Rudeln, auf Trockenzeitwanderung auch in größeren Herden, oft in Gesellschaft von Kuhantilopen, Gnus, Zebras und Straußen. Meist steht ein Rudelmitglied Wache auf einem zerfallenden Termitenhügel. Die Weibchen besuchen zur Begattung die in ihren Revieren wartenden Böcke und können dort eine effektvolle Schaubalz erleben. Außerhalb der Paarungs- und Setzzeit wandern die Rudel dorthin, wo frisches Gras wächst. Sie brauchen nicht zu trinken, solange das Gras frisch und saftig ist. Auf der Flucht erreichen sie 55 Stundenkilometer. Meist herrscht Weibchenüberschuß, weil die Böcke sich als lebende Köder mehr der Gefahr aussetzen, von Raubtieren gerissen zu werden.

Viele Unterarten wurden beschrieben, die sich in Färbung und Hornform unterscheiden und teils auch als selbständige Arten abgetrennt werden.

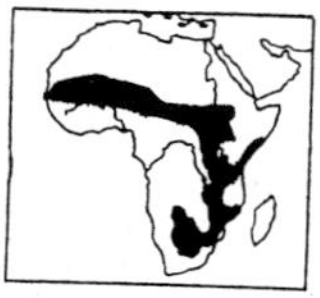

Pferdeantilope, Roan Antelope, Hippotragus equinus

Ohren mit einem schwarzen Haarpinsel an der Spitze. Am Hals oben und unten eine bürstenartige Mähne. Beide Geschlechter tragen 65 bis 75 cm lange Hörner (Rekord über 1 m). Schulterhöhe um 160 cm, Gewicht bis 300 kg. Größer als ein Rothirsch.
Nomaden in der Baumsavanne, im gleichen Lebensraum wie die Elenantilope. Sehr scheu. In Rudeln aus einem Bullen, wenigen Kühen und deren Kälbern, wobei der Bulle am Schluß zieht und darauf achtet, daß nienamd sich zu weit vom Rudel entfernt. Zur Geburt der Jungen sondern sich die Kühe ab und suchen das dichteste Dickicht auf. Wenn das Junge dem Rudel folgen kann, führt die Mutter es zurück zur Herde. Zum Trinken kniet sich das Kalb auf den Vorderbeinen nieder.

Pferdeantilopen müssen regelmäßig trinken und haben an der Tränke Löwen, Leoparden und Krokodile zu fürchten. Sie stellen sich aber, in die Enge getrieben, zum Kampf und fechten mit ihren säbelförmigen Hörnern.

Zu sehen bekommt man sie am ehesten im Krügerpark und mit Hilfe ortskundiger Führer auch in der Serengeti.

Bleßbock, Buntbock, Blesbok, Damaliscus dorcas

Auf dem Nasenrücken eine weiße "Blesse". Schulterhöhe bis 1 m, Gewicht bis 100 kg.

In Gras- und Baumsavanne, meist ein Bock und mehrere Weibchen mit ihren Kälbern, die noch keine Blesse haben, aber auch reine Weibchen- und Junggesellenrudel. Oft zusammen mit Zebras. Die Antilopen sind Grasfresser, sie müssen regelmäßig trinken und kommen abends zur Tränke. Die Jungen werden im Hochgras abgelegt und nur zum Säugen von der Mutter besucht. Ab der 3. Lebenswoche folgen sie dem Rudel.

Die Bleßböcke waren um die Jahrhundertwende in ihrer südafrikanischen Heimat beinahe ausgerottet. Es scheint, als wären die frühen Siedler mit dem Ziel vorgegangen, sämtliches Großwild als Konkurreenten für ihre Herden restlos auszurotten, so wie wir heute versuchen, einen Krankheitserreger völlig von der Erde zu vertilgen. Es war die Zeit, als auch bei uns alle Tiere nach nützlich und schädlich eingeteilt wurden und die Zoologen in Prozentzahlen angeben konnten, wie nützlich und gleichzeitig schädlich die Tiere waren.

Heute leben wieder zahlreiche Bleßböcke in kleinen Schutzgebieten in Südafrika, und auch manche Farmer halten einzelne Tiere halbwild zwischen ihren Rinderherden.

Pferdeantilope

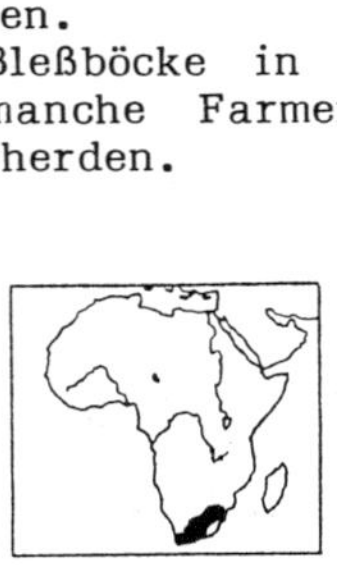
Bleßbock

Dünengazelle, Rhim,
Gazella leptoceros

Die hellfarbigste aller Gazellen, Oberseite hell sandbraun, Unterseite weiß, Hörner schlank und eher steil gestellt. Rehgroß. Geißen hornlos.

Heimisch in Wüste und Halbwüste, nicht aber in Geröllflächen. Die Tiere benügen sich mit der Feuchtigkeit in der Nahrung und mit Tau. Einst stellenwesie zusammen mit der Dorkasgazelle, heute weitgehend ausgerottet, aber es gibt einige Gehegezuchten.

Von Arabien bis in den Iran leben nahe verwandte Arten, die vielleicht mit der Dünengazelle zu einem Rassenkreis gehören.

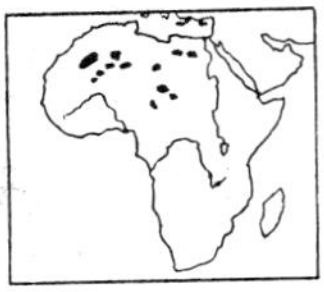

Sömmeringgazelle,
Soemmering's Gazelle
Gazella soemmeringi

Von der Grantgazelle unterschieden durch die höchstens 1,5 mal kopflangen Hörner und die bis zum scharf abgesetzt weißen Bauch einfarbig sandbraunen Flanken. Der Spiegel ist meist nicht schwarz eingefaßt und reicht neben der Schwanzwurzel etwas nach vorne. Höhe 80 bis 90 cm.

In Busch- und Grassavanne, nur im äußersten Süden einmal neben der Grantgazelle. In kleinen Trupps, alte Böcke auch einzeln, zur Paarungszeit in Revieren, in denen sich die Geißen einfinden. Die Herden machen im Sudan eine Trockenzeitwanderung, wobei sie beim Durchschwimmen der Flüsse mit dem Speer gejagt werden.

Thomsongazelle, Thomson's Gazelle, Gazella thomsoni

Mit breitem, schwarzem bis braunschwarzem Flankenband und feiner schwarzer Einfassung des "Spiegels". Klein, Schulterhöhe um 65 cm, Gewicht 20 bis 30 kg.

In nicht zu trockenen Ebenen mit weiten Kurzgrasflächen, manchmal in gemischten Trupps mit der Grantgazelle, sonst Herden mit einem Bock und bis zu 50 Geißen, dazu Junggesellenherden und alte Böcke als Einzelgänger. Die Herden müssen in frischgrünen Weiden nur alle paar Tage zur Tränke.

In Alarmstimmung machen die Tiere Luftsprünge mit steil aufgerichtetem Schwanz. Mit bis 70 Stundenkilometern sind sie die schnellsten Gazellen und können dazu noch Haken schlagen. Sie müssen auch schnell sein, denn sie sind die Hauptbeute des Geparden. Die Geiß legt ihr Kitz abseits von der Herde ab und bewacht es aus 50 bis 100 m Abstand. Stöbernde Schakale versucht sie zu vertreiben, Hyänen wegzulocken. Sobald das Kitz gut laufen kann, führt sie es in die Herde zurück.

Mit einem geschätzten Bestand von 300.000 ist die Thomsongazelle in Ostafrika die häufigste Gazelle, aber ihr Verbreitungsgebiet ist unverständlich klein.

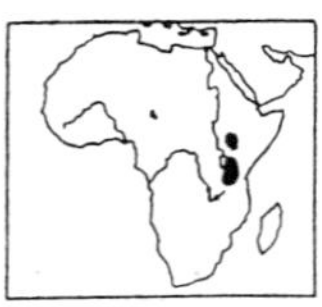

Thomsongazelle

Sömmeringgazelle

Damagazelle, Gazella dama

Beide Geschlechter gehörnt mit auffallend flach nach hinten gerichteten Hörnern. Die Färbung ändert sich von West nach Ost von dunkelbraun bis fast weiß, immer aber reicht der Spiegel beiderseits der Schwanzwurzel weit nach vorne. Schulterhöhe 90 bis 120 cm, Gewicht 40 bis 75 kg.

Im Bild die westlichste Unterart (Mhorgazelle), die in der Natur wahrscheinlich ausgerottet ist. Aus den bestehenden Zuchtgruppen erhofft man sich eine Wiederbesiedlung, wenn in ihrer Heimat der Wunsch danach sich durchsetzt. Als Wüstengazellen müssen die Tiere sehr wanderfähig sein, sie wirken wie hochgezüchtete Windhunde, als fiele ihnen das Gehen schwerer als das Laufen. Im Magen einer Geschossenen fand man Kräuter, die erst in 50 km Entfernung wuchsen. Man findet die Gazelle noch in Wüsten, wo es seit Jahren nicht geregnet hat. Ihren Durst stillt sie notfalls mit Kräutern und Tau.

Nach Sommergewittern, den nördlichsten Ausläufern der tropischen Regenzeit, ziehen die Gazellen weit in die für Wochen erblühende Wüste. Wenn der Flor verdorrt, kehren sie in die wenigstens spärlich bewachsenen Randzonen der Sahara zurück.

Dorcasgazelle, Gazella dorcas

Sandfarben, beide Geschlechter gehörnt, Schulterhöhe 55 bis 65 cm, bis 23 kg. Kleiner als ein Reh.

In steinigen Wüsten, wo die Blätter einzelner Akazien und harte Wüstengräser als Nahrung dienen. Die Gazellen fressen auch gerne Heuschrecken und der Flüssigkeit wegen Pflanzen, die Wasser speichern.

Die Tiere des Südatlas wanderten (denn dort sind sie wohl ausgerottet) auf stets den gleichen Pfaden nach Regenfällen in die Wüste. Wenn die Tiere rasten, bleiben stets einige Wächter stehen. Sie wählen den Rastplatz so, daß der Wind aus jener Richtung kommt, die sie am schlechtesten übersehen können. So trägt ihnen der Geruch zu, ob sich dort ein Feind anschleicht.

Die Araber haben die Gazellen seit jeher mit glühenden Worten gepriesen, aber das hat sie nicht daran gehindert, sie bis zum letzten Tier zu bejagen. Auch heute kann ich dort nicht einmal Ansätze von Naturschutzdenken erkennen.

Etwa 200 Dorcasgazellen leben noch im Schutzgebiet Sahib Talaa bei Marrakesch, weitere im Reservat Sidi Chiker in Marokko, im Ténéré-Nationalpark im Niger und im Hai-Bar-Reservat in Israel, einige weitere auch in Privatjagdgebieten des Königs von Marokko.

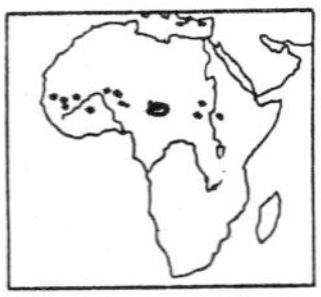

Damagazelle

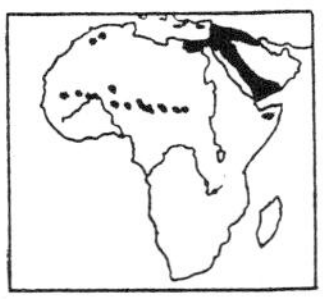

Dorcasgazelle

Grantgazelle, Grant's Gazelle, Gazella granti

Der weiße Spiegel auf den Hinterbacken ist an den Seiten dunkel angelegt und sendet neben der Schwanzwurzel einen weißen Zacken nach vorne. Der weiße Bauch ist durch eine dunkle Schattierung von der braunen Flanke abgesetzt. Die Hörner der Böcke sind mehr als doppelt so lang wie der Kopf und von sehr verschiedener Form. Die Geißen haben schwächere Hörner. Schulterhöhe 80 bis 90 cm, Gewicht 45 bis 80 kg.
In Kurzgrassavanne, Dornbusch und Halbwüsten, vor allem an mit lichtem Dornbusch bestandenen Hängen. Tagaktiv. Die Tiere äsen oft in der Mittagshitze, wenn es den Räubern zu heiß zum Jagen ist. Sie müssen nur einmal in der Woche zur Tränke. Die Rudel bestehen aus einem Bock, einigen Weibchen und deren Jungen. Bei Bedrohung warnt der Wächter mit prustenden Lauten. Auf der Flucht bis 65 Stundenkilometer schnell.

Brunftige Weibchen suchen die Böcke im Begattungsterritorium auf. Die Begattung erfolgt im Gehen, sie dauert nur Bruchteile einer Sekunde. Die Jungen werden zuerst im Hochgras abgelegt, aber die Mutter wacht in der Nähe. Zwillinge kommen vor.

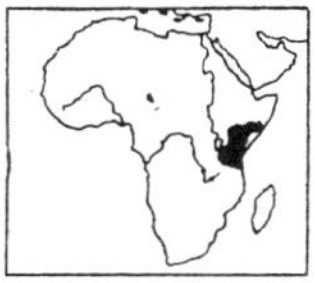

Springbock, Springbuck, Antidorcas marsupialis

Nasenrücken weiß. Schulterhöhe 70 bis 90 cm, Gewicht 20 bis 45 kg, etwas größer als ein Reh.

Die einzige Gazelle Südafrikas, in Halbwüsten und magerer Grassavanne, häufig im Etoscha-Nationalpark. Die Tiere kommen alle paar Tage zur Tränke, scharren aber auch saftige Knollen und Zwiebeln aus dem Boden. Sie sind sehr gesellig und haben im vorigen Jahrhundert riesige Herden gebildet, die auf ihren Wanderzügen alles mitrissen oder niederwalzten, sogar Löwen.

Werden die Tiere erschreckt, so sträuben sie auf dem Rücken eine hohe weiße Mähne und machen fast aus dem Stand bis 2 m hohe Bocksprünge, wohl um die ganze Herde zu warnen. Weitere Böcke lassen sich anstecken, und manchmal springt die ganze Herde durcheinander. Auch auf der Flucht machen die Gazellen hohe Sprünge, nicht selten springt eine über die andere.

Springböcke sind tag- und nachtaktiv. In der Mittagshitze suchen sie den Schatten, und wo es nur einen schattenspendenden Baum gibt, stellen sie sich dort unter wie eine Menschenmenge bei einem Platzregen.

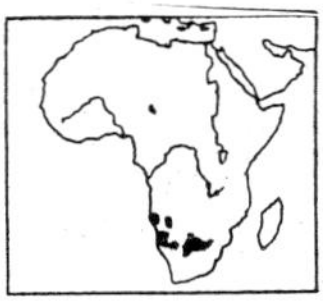

Giraffengazelle, Gerenuk, Litocranius walleri

In Kenia unverwechselbar, in Somalia wäre an die Lamagazelle zu denken, aber die ist vom Rücken bis zu den Flanken einfarbig hellbraun, die Giraffengazelle dagegen oben dunkel- und darunter scharf abgesetzt hellbraun. Rückenhöhe bis 105 cm, Gewicht bis 55 kg. Die Geißen sind hornlos.

In der Dornbuschsavanne in reviertreuen Familien aus einem Bock und mehreren Geißen. Die Tiere schleichen sich bei Gefahr davon und verbergen sich in dichtem Gebüsch, notfalls flüchten sie auch im Zickzack mit vorgestrecktem Hals durch das Dornengestrüpp. In der Mittagsruhe stehen sie unbeweglich und mit waagerecht vorgestrecktem Hals im Dickicht und sind dann kaum zu entdecken.

Mit ihren sehr beweglichen Lippen "schnabulieren" sie das Akazienlaub von den Büschen, vor allem im Dickicht, das die Giraffe meidet. Dabei stehen sie oft lange Zeit hochgereckt auf den Hinterbeinen. So erreichen sie Zweige, wo sie konkurrenzlos sind. Sie brauchen nicht zu trinken, können daher weit vom Wasser entfernt leben und kommen nie zur Tränke.

Die Jungen werden für die ersten zwei Wochen abgelegt und nur zum Säugen von der Geiß besucht.

Schwarzfersenantilope, Impala, Aepyceros melampus

Flanken dreifarbig: oben sattbraun, darunter scharf abgesetzt blaßbraun, darunter, wieder scharf abgesetzt, weiß. Der weiße Spiegel auf den Hinterschenkeln durch einen senkrechten schwarzen Strich begrenzt. An der Fersen der Hinterbeine tiefschwarze Haarpolster. Geißen hornlos. Schulterhöhe 75 bis 100 cm, Gewicht 40 bis 90 kg.

Als Blatt- und Grasfresser in der lichten Buschsavanne in Weibchenrudeln mit einem Bock, der wie ein Schäferhund das Rudel zusammenhält und unterwegs hinten geht, wo die Verfolger angreifen könnten. Die Natur geht bei den Antilopen mit den Böcken recht verschwenderisch um, und das mit Recht, denn gemessen am Bedarf für die Fortpflanzung sind sie in großem Überschuß vorhanden. Für jeden Bock, den ein Raubtier schlägt, bleibt eine Geiß am Leben und damit eine Gebärerin. In den Junggesellenrudeln drängen sich die Nachfolger für den Bock.

In der Trockenzeit müssen die Rudel einmal täglich zur Tränke; wenn das Gras frisch ist, kommen sie einige Tage ohne Wasser aus. Auf der Flucht machen die Impalas Sprünge, die 3 m hoch und 10 m weit sein sollen. Wo Impalas vorkommen, sind sie gewöhnlich häufig und damit die Hauptbeute vor allem des Leoparden. Gern schließen sie sich den ebenso wachsamen wie kampfstarken Pavianen an.

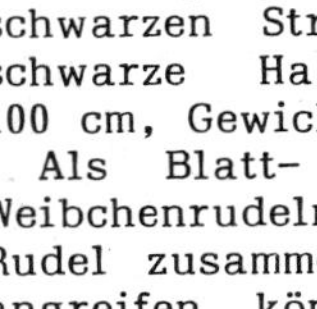

Giraffengazelle

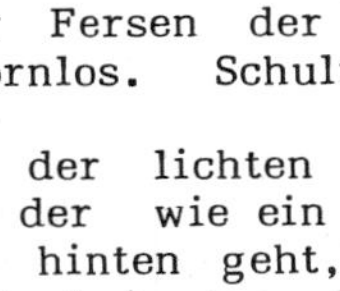

Schwarzfersenantilope

Grevyzebra, Grevy's Zebra, Hippotigris grevyi

Viel enger gestreift als die anderen Zebras, und mit einer Schulterhöhe um 155 cm das größte Wildpferd. Es wurde erst 1882 beschrieben und nach dem damaligen französichen Präsidenten Grevy benannt, er war sonst unbedeutend. Aber schon die Römer kannten das Tier und haben welche nach Rom gebracht. Sie haben die Hochzeitskutsche des Imperators Caracalla gezogen. Auch er war sonst unbedeutend. Von den Römern stammt auch der Name Hippotigris, Tigerpferd.

Das Grevyzebra ist Grasfresser in Trockensavanne und Halbwüste, selten im Trockenwald. Wenn es auf Steppenzebras trifft, hält es Abstand. Jede Herde, bestehend aus einem Hengst, einigen Stuten und deren Fohlen, besetzt und verteidigt ein Territorium. Es gibt auch reine Stutengruppen. Die Tiere schlafen im Stehen, sie reiben sich aneinander, beknabbern sich aber nicht. Die Stimme der Hengste ist ein lautes Eselsgeschrei, man hört es vor allem bei Rivalenkämpfen.

Die Fohlen können nach wenigen Minuten stehen und nach wenigen Tagen mit der Herde ziehen.
Die Grevyzebras im Tsavopark wurden ausgesetzt.

Kaffernbüffel, Buffalo, Syncerus caffer

Das Urbild der Kraft. Die Urwaldrasse (Rotbüffel) bis 320, die Büffel der Savanne bis 700 kg.

In Hochgrassavannen, lichten Wäldern, der Rotbüffel im Regenwald. In von einer Kuh angeführten Rudeln, die sich auch zu großen Herden zusammenschließen, stets in der Nähe von Wasser. Alte Stiere leben auch als Einzelgänger. Tagsüber ruhen die Tiere oder liegen in der Suhle, die Nacht ist die Zeit des Grasens, wobei die Tiere das Gras nicht abbeißen, sondern mit der Zunge bündeln und abreißen.
Fühlt sich die Familie bedroht, so nehmen die Alten die Kälber in die Mitte und erwarten den Feind. Wenn die Herde flüchtet, bilden die Stiere die Nachhut, und wenn der Verfolger bedrohlich nahe kommt, machen sie kehrt und erwarten den Angriff mit gesenkten Hörnern und wutschnaubend. Manche Löwenrudel haben sich auf den Kampf mit dem Büffel spezialisiert, aber er bleibt gefährlich, schon mancher Löwe wurde dabei getötet. Vor allem angeschossene, aber auch sonstwie verärgerte Stiere haben schon öfter Menschen angegriffen und auch Autos demoliert. Daher stammt ihr Ruf als gefährlichstes Wild Afrikas. Wie sie kämpfen, sieht man im spanischen Stierkampf.

Das Kälbchen kann schon Stunden nach der Geburt den Eltern folgen. Heute fast nur noch in Schutzgebieten.

Grevyzebra

Kaffernbüffel

Bergzebra, Mountain Zebra, Hippotrigris zebra

Vom Steppenzebra zu unterscheiden durch die Rückenzeichnung: Nur das Bergzebra zeigt hier Querstreifen, vor allem über den Hinterbacken. Der Kopf ist größer, die Ohren sind spitzer als beim Steppenzebra. Schulterhöhe in Süden bis 125, in Norden des Verbreitungsgebietes bis 150 cm.

In halbwüstenhaften Gebirgen und auf Einzelbergen nicht weiter als 150 km vom Atlantik. Wo auch das Steppenzebra vorkommt, drängt es das Bergzebra in unwirtliche Grenzlagen ab. Die Tiere weiden vor allem morgens und abends, sie scheinen fast nur im Stehen zu ruhen und zu schlafen. Sie müssen spätestens alle 3 Tage trinken und scharren notfalls tiefe Löcher in ausgetrocknete Flußbetten, aus denen dann auch andere Tiere trinken.

Der Bestand der südlichen Rasse war um die Jahrhundertwende bis auf 27 Tiere zusammengeschossen worden, er hat sich unter strengem Schutz bis heute gut erholt, und ihre Schutzgebiete sind jetzt überfüllt, so daß man es wieder aussiedeln kann. Von der nördlichen Unterart leben noch etwa 7.000 Tiere.

Steppenzebra, Burchell's Zebra, Hippotigris quagga

Streifen breit, nicht mehr als 10 zwischen Vorder- und Hinterbeinen. Schulterhöhe um 140 cm, Gewicht bis 350 kg.

Das Zebra der Grassavannen in Ost- und Südafrika; in der Serengeti lebten 1975 60.000 Tiere in Gruppen mit einem Hengst, einigen Stuten und deren Fohlen. Die überschüssigen Hengste stehen in Junggesellenherden zusammen, oft unter Gnus und Giraffen gemischt. Die Mitglieder eines Trupps kennen sich persönlich an Musterung und Stimme. Zum Ruhen ziehen sich die Tiere auf möglichst freie Flächen zurück und stellen Wachtposten aus. Auf der Flucht läuft die Leitstute voraus, der Hengst macht den Schluß und tritt auch zur Verteidigung an. Er kann auch einen Menschen angreifen und zu Tode trampeln. Mit gezielten Fußtritten nach hinten kann er Hyänen und Hyänenhunden Respekt einflößen, ein Löwe läßt sich durch einen Fußtritt ins Gesicht nicht einschüchtern, Zebras sollen aber auch schon Löwen erschlagen haben.

Zebras müssen täglich einmal trinken, das ist der gefährlichste Moment in ihrem Alltag.

Sie fressen bevorzugt hohes, hartes Gras, das die Antilopen nicht mögen. Da Zebras keine Wiederkäuer sind, nutzen sie das Futter schlecht aus und müssen sich "den Bauch vollschlagen", um satt zu werden. Die Fohlen sind "Laufjunge": Sie können Stunden nach der Geburt der Herde folgen.

Gemessen am Pferd sind Zebras langsamer (bis 55 Stundenkilometer) und auch weniger ausdauernd, aber wendiger, und das zählt, wenn die Löwen angreifen.

Bergzebra

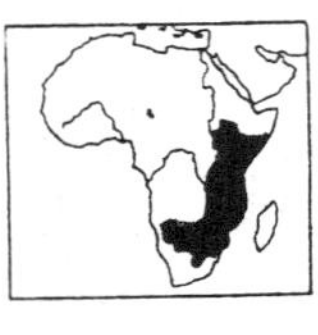

Steppenzebra

Spitzmaulnashorn, Black Rhino, Diceros bicornis

Oberlippe zugespitzt und fingerförmig beweglich zum Greifen von Blättern und Zweigen. Gewicht 700 bis 1.600 kg, das vordere Horn bis 120 cm lang, gewöhnlich aber abgewetzt und darum viel kürzer.

Die Nashörner leben am liebsten im Dickicht, so daß der Eindringling nur ihre polternde Flucht vernimmt. Dort sind die Tiere sehr seßhaft, verteidigen aber kein Revier. Gilt es, ein Junges zu verteidigen, so greift die Mutter auch mit einer Geschwindigkeit bis 45 Stundenkilometern an. In einem Jagdbuch fand ich folgende Passage: "Ein Jäger, der einen solchen Koloß auf kürzeste Entfernung mit einem Schuß niederstreckt, wird das als den glücklichsten Moment seines Jagdlebens nie vergessen."

Nashörner müssen trinken, und da sie nicht wandern, so so verhungern sie in der Nähe des letzten Wasserloches, wenn sie die ganze Umgebung kahlgefressen haben.

Die Begattung dauert eine halbe Stunde. Daher gilt das Horn von Arabien bis China als Potenzdroge, deretwegen die Tiere intensiv bejagt wurden und trotz aller Schutzbemühungen auch werden. Das Weibchen bekommt nach 450 Tagen Trächtigkeit ein Junges, das zwar kein Horn hat, aber noch behaart ist. Es bleibt bei der Mutter, bis diese wieder Nachwuchs bekommt. Junge Nashörner können in der Not laut schreien.

Breitmaulnashorn, White Rhino, Ceratotherium simium

Maul breit und quer abgeschnitten, wie ein "Rasenmäher". Gewicht bis 4 Tonnen und damit nach dem Elefanten das größte Landtier der Erde. Das Horn kann 1 m lang werden, der Rekord liegt bei 155 cm. Haare hat das Nashorn nur an Ohren und Schwanz.

Als Grasfresser in üppiger Savanne mit nie versiegenden Wasserstellen, die täglich aufgesucht werden. Meist im Familienverband und sehr ortstreu. Wenn möglich, nehmen die Riesen täglich ein Schlammbad, wobei ihnen manchmal Wasserschildkröten die Zecken von der Haut fressen. Der Kot wird an festen Plätzen abgesetzt, wo er mit der Zeit große Haufen bildet, in denen ein Gewühl von Mistkäfern und anderen Insekten haust, die wiederum von verschiedenen Vögeln, Reptilien und Kleinsäugern verfolgt werden. In der Eile bringt es das Riesentier auf einen erstaunlich elastisch wirkenden Trab, doch galoppieren kann es so wenig wie der Elefant. Zur Paarungzeit liefern sich die Bullen Kämpfe, die auch einmal tödlich ausgehen können.

Heute fast nur noch in Schutzgebieten, wo der Bestand am ehesten durch Inzucht gefährdet ist. Das Foto stammt aus dem Meru-Nationalpark in Kenia, wo der Bestand inzwischen durch Wilderer ausgelöscht wurde.

Spitzmaulnashorn

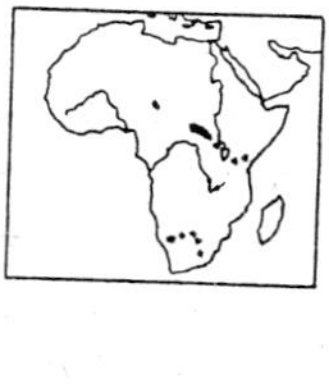

Breitmaulnashorn

Afrikanischer Elefant, African Elephant, Loxodonta africana

Mit bis 4 m Höhe und 7,5 Tonnen Gewicht das schwerste Landtier der Gegenwart. Die Rüsselspitze ist zweifingerig und geschickt genug, um eine Münze aufzuheben. Die Männchen haben starke Stoßzähne, Rekord 375 cm Länge und 117 kg Gewicht, die Weibchen kleine, schwächere.

Elefanten sind tag- und nachtaktiv und müssen täglich rund 100 kg Nahrung zu sich nehmen, am liebsten fressen sie Gras. Die Herden werden geführt von einer Kuh, dazu kommen ihre Kinder und Kindeskinder und einige Bullen. Die überschüssigen Männchen bilden Männchenrudel oder leben als Einzelgänger. Die Tiere gehen sehr fürsorglich miteinander um, Kranke werden gestützt und Tote oft mit Zweigen zugedeckt. Manche Elefantenmütter tragen tagelang ihr totes Kälbchen mit dem Rüssel bei sich. Elefanten dulden auf ihrer Haut keine Madenhacker, die sie auch nicht brauchen, da sie sich mit dem Rüssel pflegen. Kuhreiher dagegen dürfen aufsitzen.

Das Milchgebiß aus je 3 Backenzähnen pro Kiefer hält bis 15 Jahre, ihm folgen die ersten Bleibezähne, die auch 15 Jahre halten. Ein weiterer Satz hält bis zum 45. Jahr und der letzte bis zum 60. oder 70. Jahr. Wenn auch er abgekaut ist, muß der Elefant verhungern.

In der Elefantenstation Gangalana im Kongo hatten indische "Hauis" afrikanische Elefanten zur Arbeit abgerichtet, aber bereits Hannibal ist mit afrikanischen Elefanten bis Rom gezogen.

Der Bestand in Afrika wurde 1991 auf 900.000 Tiere geschätzt.

Klippschliefer, Rock Hyrax, Procavia capensis

Fell kurz, straff und rauh, zwischen braun und grau. Körperlänge 40 bis 60 cm, 2,5 bis 5 kg.

Nur auf spaltenreichen Felsen und Geröllhängen. Sehr gesellig. Die Mitglieder einer Kolonie verbringen die Nacht gemeinsam in einer Höhle, sie wärmen sich in der Morgensonne und wandern dann auf festen Pfaden zum Grasen bis 50 m weit in die Savanne. Beim Fressen bilden sie einen Kreis, so daß man sie kaum überraschen kann. Auf den schrillen Warnpfiff eines Wächters flüchten alle zum Felsen. Bei frischer Graskost brauchen sie kein Wasser, in Dürrezeiten wagen sie sich aber bis 600 m weit zum Trinken von ihren Felsen. Dann werden manche auch von Pavianen erbeutet. Für den Kampfadler stellen sie 80 % aller Beutetiere, für den gleichgroßen Kampfadler nur 5 %.

In die Enge getrieben zeigen sie knurrend die Zähne und greifen quiekend an, um sich im Gegner zu verbeissen.

Elefant

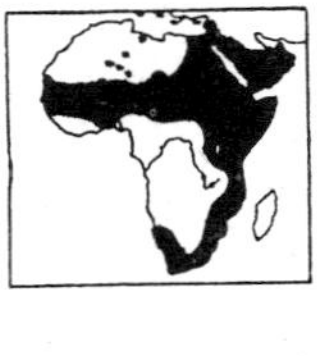

Klippschliefer

Baumschliefer, Tree Hyrax, Dendrohyrax arboreus

Von den anderen Schliefern zu unterscheiden durch das dichte, seidig-duftige, mal mehr graue, mal mehr braune Fell. Körperlänge 40 bis 60 cm, Gewicht 2 bis 4 kg.

Einzeln, paarweise oder in Familien auf Bäumen vom tropischen Regenwald bis in Galeriewäder und Baumsavanne, oberhalb der Baumgrenze auch in Geröllfeldern. Die Tiere verschlafen die Tage in Baumhöhlen, bei oder nach Einbruch der Dämmerung kommen sie hervor und verkünden ihren Revieranspruch mit stundenlangem Geschrei, das mit Schweinequieken oder Kindergeschrei verglichen wird und bis 3 km weit zu hören ist.

Die Tiere klettern sehr geschickt mit Füßen und Zähnen, sie können an dünnen Lianenseilen auf- und niederhangeln. Sie fressen Laub und tierische Beikost, allnächtlich 1/3 ihres Körpergewichtes.
Meist wird nur ein Junges geboren, das schon am ersten Lebenstag der Mutter beim Klettern folgen kann. Ab dem 10. Tag kann es im Notfall schon ohne Mutter überleben. Die wichtigsten Feinde sind Adler, Leopard, Ginsterkatze, Felsenpython und - unnötig zu sagen - an erster Stelle der Mensch.

Buschschliefer, Yellow-spotted Hyrax, Heterohyrax brucei

Fell wie beim Klippschliefer kurz, straff und rauh, zwischen dunkelbraun und lehmgelb. Am besten zu bestimmen über die Lebensweise: Der Buschschliefer klettert in Bäumen und frißt Laub, der Klippschliefer lebt auf Felsen und am Boden und frißt Gras. Körperlänge 40 bis 60 cm, Gewicht meist 2 bis 3 kg.

Auf und bei Bäumen, die zwischen Felsen wachsen, oft am gleichen Ort wie der Klippschliefer und wie jener in Kolonien mit bis zu 100 Mitgliedern. Die Tiere erklettern, manchmal mit Hilfe der Zähne, Akazien und andere Bäume, um das Laub zu fressen. Sie sind sehr wachsam, auf einen Warnpfiff hin stürzen alle in die nächsten Felsspalten. Auch die Klippschliefer flüchten, wenn sie den Pfiff hören.

Bei Regen und in der Mittagshitze bleiben die Tiere in ihren Höhlen, die auch in einem morschen Baum liegen können.

Die Weibchen werfen 1 bis 3 Junge, die der Mutter schon am 2. Lebenstag folgen. Sie werden etwa 2 Monate gesäugt und bleiben noch weitere 3 Monate in der Nähe der Mutter. Rätselhaft ist die lange Tragezeit der Schliefer von etwa 250 Tagen. Der Feldhase bringt etwa gleichweit entwickelte Junge zur Welt und auch gleichviele, doch werden sie schon nach etwa 40 Tagen geboren.

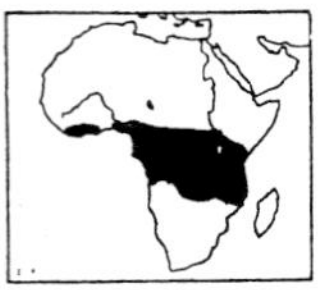

Baumschliefer

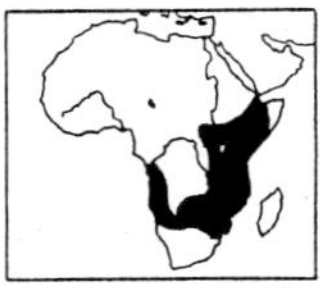

Buschschliefer

Zwergseebär, Cape Fur Seal, Arctocephalus pusillus

Die einzige Robbe in Südafrika; Bullen bis 2,4 m lang und bis 300 kg schwer, Weibchen bis 1,8 Meter und bis 115 kg.

In großen Kolonien an der Küste Namibias, die größte und bekannteste davon mit 80.000 bis 120.000 Tieren beim Kreuzkap an der Skelettküste. Dort kann der Besucher an eine Mauer treten, von der aus sich die Kolonie bis in die Brandungszone erstreckt. Ende Oktober kommen die Bullen an Land und bleiben für 3 Monate. Sie besetzen unter vielen Beißereien etwa zimmergroße Territorien, in denen sie einen Harem von 2 bis 20 Weibchen um sich sammeln, je näher am Wasser, desto mehr. Im November und Dezember werden die schwarz-wolligen Jungen geboren. Sie öffnen die Augen kurz nach der Geburt und werden etwa ein Jahr lang gesäugt. Zwischendurch müssen die Weibchen wochenlange Fangreisen ins Meer machen, finden aber ihre Jungen unter der Riesenschar nach Stimme und Geruch heraus. Verwaiste Junge werden von allen Müttern zurückgewiesen und müssen verhungern.

Der Benguelastrom vor der Küste ist so fischreich, daß die Robben keine weiten Wanderungen machen müssen. Vor der Küste müssen sie Schwertwale und Haie fürchten. Darum ist in der Nähe auch für Menschen das Baden gefährlich, auch schon im flachen Wasser.

Stachelschwein, Porcupine, Hystrix africana

Nackenmähne oben weiß, die am Ende offenen "Rasselbecher" am Schwanz über 6 cm lang. Körperlänge um 75 cm, Gewicht bis 27 kg, damit das größte afrikanische Nagetier. Heimisch auch in Süditalien, ich fand auch einen Stachel in Südspanien.

Verbreitet von der Savanne bis in den Regenwald. Einzelgängerisch, paarweise, und wenn Junge da sind, auch in Familien. Die Tiere verbringen die Tage in tiefen, selbstgegrabenen oder übernommenen Erdlöchern. Wo sie von den Einheimischen für den Kochtopf ausgegraben werden, kommt es zu einem Wettgraben.

Die Tiere fressen Früchte, Wurzeln, Rinde, Feldfrüchte, aber auch kleine Tiere, in Mais- und Hirsefeldern sind sie unerwünscht. Beim Fressen hocken sie wie ein Eichhörnchen und nehmen das Futter in die Hände.

Viele werden von Raubtieren überrumpelt, Jungtiere sogar von Hauskatzen; für einen altersschwachen Löwen sind sie das Futter der letzen Tage, wobei er seinen Mut im Umgang mit den Stacheln zeigt. Entdeckt das Stachelschwein rechtzeitig den Feind, so wird es schwer: Es sträubt die Stacheln, wendet ihm den Rücken zu und rasselt mit den hohlen, zu "Rasselbechern" abgewandelten Schwanzstacheln. Dazu springt es rückwärts gegen den Angreifer. Die Stacheln bleiben leicht stecken.

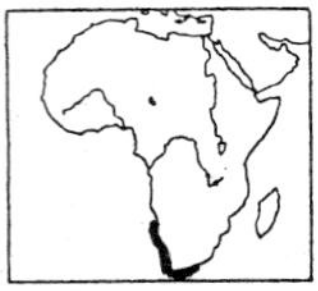

Zwergseebär

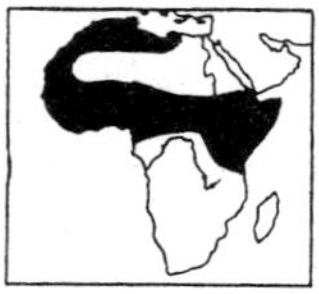

Stachelschwein

Kaphase, Cape Hare, Lepus capensis

Etwas kleiner als der europäische Hase und mit längeren Ohren, wird er oft auch als Rasse des Europäers angesehen und muß dann Lepus europaeus capensis heißen.

In den Nationalparks Ostafrikas der einzige Hase. Er lebt einzeln und nächtlich und frißt vor allem Gras. Bei Gefahr drückt er sich auf den Boden und verläßt sich auf seine Tarnfarbe. Aufgescheucht erreicht er 50 Stundenkilometer und kann aus vollem Lauf Haken schlagen. Dennoch wird er von Schakalen gehetzt.

Im Senegal wird er mit Stöberhunden gejagt: Die Hunde scheuchen den Hasen auf, und in offenem Grasland hat er gegen die Meute keine Chance, weil ihn das Hakenschlagen nur vor den Rachen eines anderen Hundes bringt. In dichtem Gebüsch kann er sich meistens retten.

Die Häsin besucht ihre meist 2 oder 3 Jungen nur einmal in der Nacht zum Säugen, wacht aber in der Nähe und versucht sie gegen kleinere Feinde mit Fußtritten zu verteidigen.

Die afrikanischen Hasen sind keine strengen Vegetarier, sie mögen auch eiweißreiche Beikost und fressen sogar Mäuse.

Äyptische Stachelmaus, Egyptian Spiny Mouse, Acromys cahirinus

Rücken mit stachelartig steifen Haaren, Ohren groß, dünnhäutig und sehr beweglich. Körper- und Schwanzlänge bis 12 cm.

Gesellig in Halbwüste und Wüste, in Ägypten auch nach Art der Hausmäuse in Gebäuden. Nachtaktiv. Ergreift ein Verfolger den Schwanz, so bricht er als verschmerzliche Teilbeute ab, und die Maus kann sich retten.

Die Jungen werden sehr groß, mit offenen Augen und einem Fellchen geboren, mit 3 Tagen machen sie die ersten Ausflüge und flüchten notfalls aus dem Nest, nach 6 Tagen können sie schon fressen und notfalls ohne Mutter überleben. Diese ist dafür aber rund 2 Wochen länger trächtig als etwa die Hausmaus. Die Stachelmäuse übeleben bei ihren vielen Feinden durch Kinderkriegen: Ein Weibchen kann in seinem dreijährigen Leben bis zu 20 mal trächtig werden und dabei insgesamt bis zu 60 Junge bekommen.

Eine verwandte Art, die Kretische Stachelmaus, gehört, wie der Name schon sagt, zur Fauna Europas.

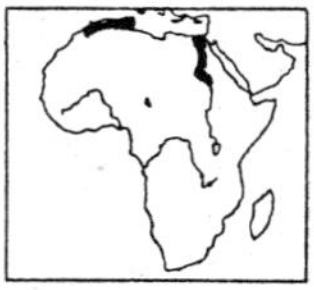

Wüstenspringmaus, Desert Jerboa, Jaculus jaculus

Die einzige ihrer Art in Afrika, Kopfrumpflänge bis 12,5 cm, Schwanz bis 23 cm und mit schwarzweißer Endquaste.

Die niedlichen Springmäuse verbringen den Tag in mit Pfoten und Zähnen gegrabenen, sehr tiefen Höhlen, deren Eingang sie nach dem Einschlüpfen mit Sand zuschieben. Nachts sieht man sie am ehesten im Licht des Autoscheinwerfers, wenn sie auf den Hinterbeinen dahinhüpfen. Sie sind wunderbar schnell und ausdauernd - 5 km in 20 Minuten! Dabei dient der lange Schwanz als Balancierstange und Steuer, und Haarbürsten an den Füßen verhindern das Einsinken im Sand, während sie beim Graben als Besen taugen. Beim Sitzen stützen sich die Tiere auf ihren Schwanz als "drittes Bein".

Die Wüstenspringmaus bewohnt vor allem Kies- und Geröllwüsten, Wadis und freigewehte Stellen zwischen Dünen. Sie hat vor allem den Wüstenfuchs zu fürchten. Am Morgen findet man ihre Spuren im Sand. Ihre Verwandten leben in den Steppen und Halbwüsten Asiens.

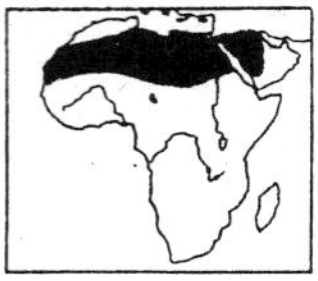

West-Erdhörnchen, Western Ground Squirrel, Euxerus erythropus

Das einzige Erdhörnchen in Westafrika und dort an seinem weißen Flankenstreif leicht kenntlich. Körperlänge 22 bis 45 cm, reichlich rattengroß.

In Savannen und auf Rodungen im Regenwald. In ihren Revier graben die Hörnchen viele Fluchtlöcher, die nur aus einer Röhre mit 2 Eingängen bestehen, und einen größeren Wohnbau mit ausgepolstertem Kessel, in dem auch die Jungen geboren werden. Der Wohnbau hat mehrere normalerweise verschlossene Notausgänge. Sie werden gebraucht, wenn Schlangen auf Hörnchenjagd in die Bauten eindringen.

Die tagaktiven Hörnchen fressen gerne Wurzeln und abgefallene Früchte, sie klettern der Früchte wegen auch auf Bäume. Wo ihre Hauptfeinde, Greifvögel und Mangusten weggeschossen werden, vermehren sich die Hörnchen und können dann in den Feldern großen Schaden anrichten. Bei manchen Stämmen werden sie aber auch gegessen. Wo sie nicht verfolgt werden, kommen sie auch an den Rand der Dörfer und benutzen gern die von den Menschen ausgetretenen Pfade. Dabei machen sie nach wenigen Sprüngen eine Pause, in der sie nach Eichhörnchenart auf den Hinterbeinen sitzen und die Umgebung beobachten. Einen Greifvogel erkennen sie von fern.

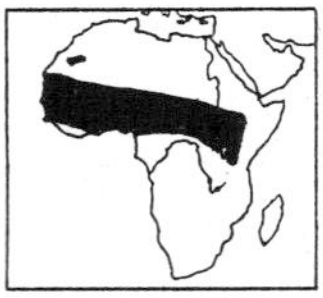

Nordafrikanisches Erdhörnchen, Barbary Ground Squirrel, Atlantoxerus getulus

Mit 3 weißen Streifen, bis 30 cm, kleiner als ein Eichhörnchen.
Nördlich von Agadir das einzige Erdhörnchen, häufig am Südhang des Hohen Atlas, wo der Arganbaum wächst, dessen Früchte die Tiere neben Blättern und Wurzeln fressen. Über Nacht und in der Mittagshitze in Felsspalten oder Erdbauten, morgens mit abgespreizten Beinen hingestreckt zum Sonnen. Später dient der Schwanz als Sonnenschirm. Junge trifft man zumindest im Frühling. Die Tiere tragen Vorräte ein. Sie erreichen ein Alter von 7 Jahren.

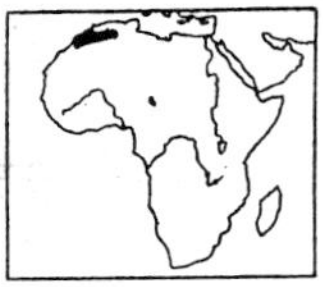

Buschhörnchen, Bush Squirrel Paraxerus cepapi

Ohren größer als bei den Erdhörnchen, Schwanz buschig, meist mit dunklen Ringen; um 30 cm, kleiner als ein Eichhörnchen.
Meist auf Bäumen, aber auch am Boden. Die Tiere rennen oft vor dem Auto über die Straße, viele werden überfahren. Bei Erregung, etwa beim Anblick einer Schlange, ihrem Hauptfeind, schimpfen sie wie Eichhörnchen und schlagen mit dem Schwanz. Tagaktiv, einzeln, selten paarweise. Die Tiere fressen Früchte, Blätter, Vogeleier, sie legen Vorräte an.

Häufig in der feuchteren Buschsavanne Südafrikas, auf Campingplätzen zutraulich wie Parkeichhörnchen.

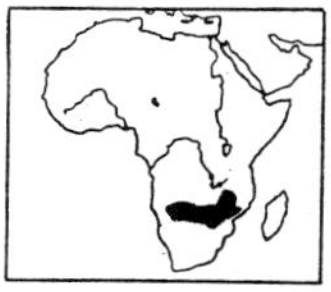

Ost-Erdhörnchen, Unstriped Ground Squirrel, Xerus rutilus

Rotbraun bis gelbbraun, ohne Seitenstreif, Fell schütter und borstig. Körperlänge 20 bis 26 cm, wie eine kleine Ratte.

In dürren Savannen, auch am Rand von Ortschaften, tagaktiv. Einzeln, paarweise oder in Familien in der Nähe ihrer Erdbauten, vor denen große Auswurfhügel auf weitläufige unterirdische Anlagen schließen lassen. Die Hörnchen ernähren sich von Pflanzen und tierischer Beikost. Erschreckt rennen sie mit nach hinten gestrecktem Schwanz zu ihrem Bau, wobei der Verfolger zuerst den Schwanz zu packen bekommt und dann mit einem Maulvoll Haare abgespeist wird. Zu den vielen Feinden gehören auch Schlangen, Puffottern und Kobras, die den Tieren in ihre Bauten folgen.

In Teilen Afrikas gelten die Erdhörnchen als giftig. Sie sind sehr bissig, und die Bißwunden sind oft Ausgang für schwere Entzündungen. Alt eingefangene Hörnchen gelten als unzähmbar. Fossile Reste von Erdhörnchen hat man auch aus Europa vor den Eiszeiten gefunden.

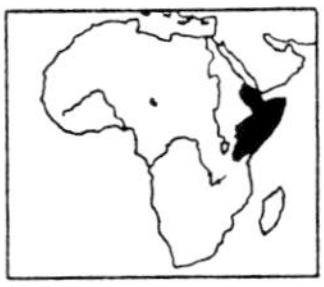

Kap-Erdhörnchen, Cape Ground Squirrel, Xerus inauris

Graubraun bis rotbraun mit weißem Flankenstrich. Kopf-Rumpflänge 20 bis 30 cm, Schwanzlänge 18 bis 25 cm, Gewicht bis 1 kg, zwischen Wildkaninchen und Ratte.

Häufig in trockenem Busch- und Grasland. Tagaktiv. Einzeln oder familienweise in selbstgegrabenem Bau, wobei mehrere Familien in Kolonien beisammen wohnen können. Morgens sonnt sich die Mutter mit ihren größeren Jungen vor dem Bau, später grasen die Tiere bis in 150 Meter Umkreis, rennen aber bei der geringsten Gefahr zum Bau zurück, wo sie im Eingang Männchen machen und nach dem Feind Ausschau halten. Auf einen Warnpfiff hin verschwinden alle unter der Erde. Zur Nahrung gehören neben Pflanzenteilen auch Insekten, Eidechsen, Eier und Jungvögel. In der Mittagshitze tragen die Tiere den buschigen Schwanz als Sonnenschirm über dem Rücken.

Die Liste der Feinde ist so groß wie die Fruchtbarkeit der Erdhörnchen, die in Südafrika etwa die Rolle spielen, die in Mitteleuropa dem Wildkaninchen zukommt. Sie sind sehr bissig und als Krankheitsüberträger mit Vorsicht zu behandeln.

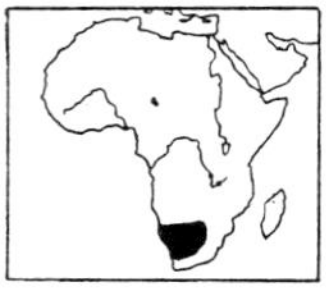

Hyänenhund, Hunting Dog, Lycaon pictus

Gelb, braun, weiß gescheckt zwischen fast rein gelb und fast rein schwarz, man findet keine zwei gleichen Tiere. So groß wie ein Schäferhund und mit furchtbarem Wolfsgebiß.

In der offenen, wildreichen Savanne in Rudeln bis zu 60 Köpfen, aber auch Einzelgänger können überleben.

Großwildhetzer. Vor der Jagd laufen sich die Hunde warm, dann nähern sie sich im raschen Trott den Herden, erwählen sich ein Opfer und hetzen es bis zur völligen Erschöpfung mit einer Geschwindigkeit um 50 Stundenkilometer. Dabei lösen sich die Meuteführer ab, an den Seiten mitlaufende schneiden die Wege des Opfers ab, schließlich verbeißen sich die ersten im Opfer und halten es fest, bis die anderen es zerreißen.

Jungtieren, Kranken und Alten wird das Futter im Magen zugetragen und vorgewürgt.

In den letzten Jahren ist der Bestand in Ostafrika um 80 % zurückgegangen, weil sich eine Tollwutepidemie, von Norden kommend, ausbreitet. Da sich die Tiere gegenseitig belecken, kann die Seuche ganze Rudel ausrotten.

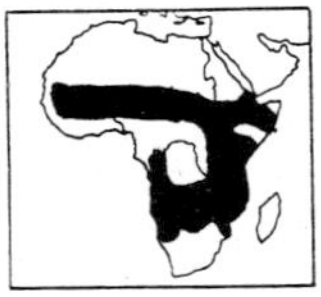

Schabrackenschakal, Black-backed Jackal, Canis mesomelas

Höherbeinig und mit größeren Ohren als der Goldschakal, Rücken bis zu einem schrägen Flankenband schiefer- bis schwärzlichgrau. Schulterhöhe bis 50 cm, 7 bis 10 kg.

In Savannen und lichten Wäldern, einzeln, paarweise und in Familien, zu denen manchmal auch "Tanten" gehören. Er ist der Schakal, der geduldig am Löwenriß wartet und später mit den Geiern streitet. Die Familie kann aber auch Thomsongazellen bis zur Erschöpfung hetzen (bis 6 Minuten), die Meute ist auch des Hasen Tod. Aus den Herden stiehlt er Lämmer und Zicklein, hat aber auch schon Kälbchen und Fohlen gerissen und erwachsene Schafe. Andererseits verschmäht er Heuschrecken und Termiten nicht und labt sich an Früchten.

Das Paar hält lebenslang zusammen und markiert und verteidigt sein Revier. In Schutzgebieten tag- und nachtaktiv. Zu den Feinden gehört neben Leopard, Gepard und den großen Adlern auch der Felsenpython.

Schakale haben als gesellige Tiere viele Kontaktlaute. An ehesten hört man in der Nacht ein helles Heulen, das wohl den Revierbesitz anzeigt. Streitende Schakale knurren böse wie Hunde.

Goldschakal Golden Jackal, Canis aureus

Fast einfarbig lehmbraun, Schwanz zur Spitze hin verdunkelt. Ohren etwas kürzer als beim Schabrackenschakal. Schulterhöhe um 45 cm, Gewicht um 9 kg.

Als lebenslang zusammenlebendes Paar, zeitweise auch mit den herangewachsenen Jungen in der offenen Grassavanne, im Alter auch als Einzelgänger. Reviertreu, tagsüber in übernommenen oder selbstgegrabenen, bis 1,5 m tiefen Erdbauten, in Schutzgebieten auch tagsüber im Freien.

Die Schakale fangen Reptilien, Heuschrecken, Termiten, sie graben Kleinnager aus, können aber auch größere Beute bis zur Thomsongazelle hetzen, sie können sich tot stellen und blitzschnell zupacken, wenn jemand sich neugierig nähert. An Aas sieht man sie nur selten.

Der Vater hilft bei der Jungenaufzucht mit. Er sammelt Futter im Magen und würgt es den Jungen vor, er kann sie sogar umhertragen. Ansonsten ist der Rüde der "Boss".

Goldschakale leben auch in Dalmatien. Sie durchsuchen dort die Abfälle auf dem Campingplatz, räumen Hühnerställe aus, fressen Fallobst und machen sich bei Nacht durch klagendes Heulen und Kläffen bemerkbar.

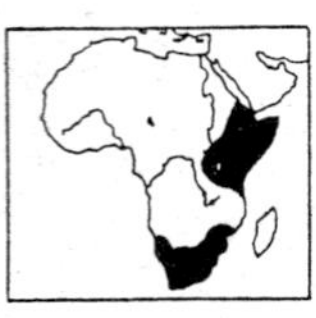

Schabrackenschakal

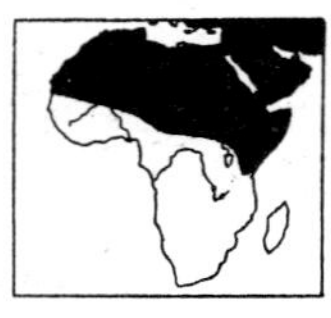

Goldschakal

Fennek, Wüstenfuchs, Fennec Fox, Fennecus zerda

Kopf-Rumpflänge um 40 cm, Schwanz um 20 cm, bis 1,5 kg, so groß wie eine Hauskatze und damit der kleinste Wildhund.

Paar- oder familienweise vor allem in Sandwüsten, seine Pfoten sind lang behaart gegen das Einsinken, tagsüber in selbstgegrabenen Erdbauten, nachtaktiv, aber die Füchslein sonnen sich gerne in der untergehenden Sonne, und manchmal ziehen sie schon in der Dämmerung auf Raub. Sie graben Eidechsen aus dem Sand, belauern und erbeuten im Fangsprung Wüstenspringmäuse, sammeln Insekten und fressen Wurzeln. In den Oasen sind sie unbeliebt, weil sie Melonen anknabbern und auch andere Feldfrüchte verzehren. Sie trinken bei Gelegenheit, müssen es aber nicht.

Das Paar lebt in Dauerehe, eine Ausnahme unter den Säugetieren. Die Jungen erscheinen mit 4 Wochen vor dem Höhleneingang zum Herumtollen. Die Nomaden graben die Jungen aus und bieten sie den Touristen zum Kaufen an. In ihrer 4. Lebenswoche werden sie noch schmusezahm gegen den, der sie aufzieht, aber scheu gegen Fremde. Ab der 5. Woche sind sie unzähmbar. In Gefangenschaft sind sie am Tage schläfrig und rennen in der Nacht viele Stunden umher. Sie stehen unter dem Artenschutzgesetz.

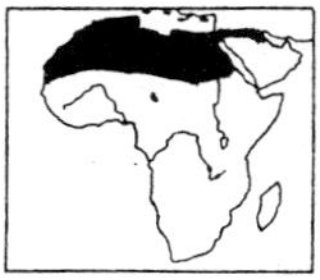

Streifeniltis, Bandiltis, Zorilla, Ictonyx striatus

Schwarz mit recht variabler weißer Zeichnung und buschigem Fell, Kopfrumpflänge bis 38, Schwanzlänge bis 25 cm, kleiner als ein Steinmarder.

In Trockenwäldern und Savannen nicht selten, aber streng nachtaktiv, tagsüber in Höhlen oder Spalten im Geröll. Der Streifeniltis ist das Stinktier Afrikas, er ist träge und wenig scheu. Wenn er sich verfolgt fühlt, sträubt er die Haare, hebt den Schwanz, wendet dem Angreifer das Hinterteil zu und bespritzt ihn zielsicher mit einem ekelhaft stinkenden Sekret aus Drüsen im Afterbereich. Die schwarzweiße Färbung ist als Warnfärbung zu deuten. Die Stinkwaffe schützt gegen alle Raubsäuger, nicht aber vor Greifvögeln mit ihrem schwach entwickelten Geruchssinn.

Die einzelgängerischen Räuber verfolgen Kleinnager in ihre unterirdischen Bauten, im Hühnerstall richten sie nach Marderart ein Blutbad an. Von Hand aufgezogene werden sehr zahm.

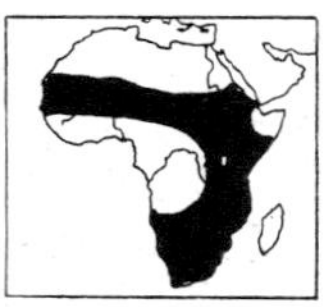

Ginsterkatze, Common Genet, Genetta genetta

Flanken mit kleinen schwarzen Flecken, entlang dem Rücken ein schwacher, aber aufstellbarer Haarkamm, der Schwanz mit 8 bis 10 schwarzen Ringen und spitzem Ende. Gesamtlänge 80 bis 100 cm, davon entfällt knapp die Hälfte auf den Schwanz.

In Savannen und Halbwüste, auch in Spanien und Südfrankreich. Tagsüber in Höhlen, nachts einzelgängerisch unterwegs, zur Paarungszeit auch paarweise. Die Ginsterkatzen sind sehr elegante und wendige Tiere, wie aus Gummi, sie beschleichen die Beute und greifen sie im Sprung. Im Hühnerstall rasten sie nicht, solange sich noch etwas rührt, müssen aber mit dem zur Verteidigung seiner Hennen antretenden Hahn lange und erbittert kämpfen.

Sie besitzen Stinkdrüsen, deren Inhalt als Zutat zu Parfüms geschätzt wird. Im alten Ägypten wurden Ginsterkatzen als Mäusefänger im Haus gehalten. Sie werden zahm wie Hauskatzen und können schnurren und miauen und das auch noch gleichzeitig. In die Enge getrieben, stoßen sie gellende Schreie aus und entleeren die Stinkdrüsen.

Ginsterkatzen sieht man am ehesten bei nächtlichen Autofahrten, wenn ihre Augen gelbgrün im Scheinwerferlicht aufleuchten.

Zebramanguste, Banded Mongoose, Mungos mungo

Durch die Querstreifung unverwechselbar, Gesamtlänge 50 bis 75 cm, Gewicht um 1 kg, etwa wie ein Igel.

In Trupps von etwa einem Dutzend, aber auch bis zu 50 Tieren in Savannen und lichten Wäldern. Die ganze Gesellschaft schläft zusammengedrängt in einer übernommenen oder selbstgescharrten Höhle, morgens zieht die freche Bande in breiter Front auf Nahrungssuche, wobei Zwitscherlaute für den Zusammenhalt sorgen, und abends kommen alle auf dem gleichen Weg wieder zurück. Ist die Umgebung leergejagt, so zieht die Horde um in ein neues Quartier. Unterwegs werden Steine umgedreht, Dunghaufen zerkratzt, es wird viel gescharrt und gegraben. In den heißen Stunden ruhen die Tiere und sind auch in Vollmondnächten unterwegs. Sie machen oft "Männchen" und sitzen dabei auf den Hinterkeulen. Wenn es spannend wird, stellen sie sich sogar auf die Hinterbeine. Größere Beute wird gemeinsam angegriffen, Eier werden auf den Boden oder gegen Steine geschleudert, bis sie brechen.

Die Hauptfeinde sind Adler und Schlangen, aber auch für den Leoparden sind sie eine akzeptable Beute. Manchmal helfen alle Mitglieder eines Trupps zusammen, um einen Angehörigen aus den Klauen eines Feindes zu befreien.

Ginsterkatze

Zebramanguste

Zwergichneumon, Pygmy Mongoose, Helogale parvula

Klein: Körperlänge bis 28 cm, Schwanz bis 20 cm, etwa so groß wie ein Hermelin.

In der Nähe von Geröll oder öfter von Termitenhügeln, wo die Tiere alle Schlupflöcher kennen. Sie streifen in den nicht zu heißen Tagesstunden in kleinen Trupps jagend umher, wobei sie durch Zwitscherlaute in Kontakt bleiben. Sie machen häufig Männchen und können sich auf den Zehenspitzen hochrecken, sie scharren viel und erbeuten dabei Tiere, die sich vor der Tageshitze in den Boden geflüchtet haben. Auch Früchte werden nicht verschmäht. Die Halbwüchsigen balgen sich vor dem Gemeinschaftsbau. Wenn die Umgebung ausgeräubert ist, zieht der ganze Trupp weiter.

In Süd- und Ostafrika leben verschiedene Unterarten, die manchmal auch als selbständige Arten gewertet werden. Man unterscheidet das Südliche, das Östliche und das Somali-Zwergichneumon.

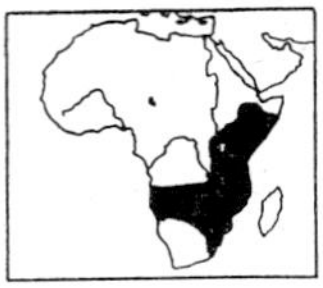

Erdmännchen, Scharrtier, Suricate, Suricata suricatta

Mit dunklem Augenring und schwachen Querstreifen auf dem Rücken, Körperlänge 25 bis 35 cm, Schwanzlänge 20 bis 25 cm, etwa wie ein Hermelin.

In Kolonien mit selbstgegrabenen Röhren, manchmal zusammen mit Erdhörnchen und Fuchsmangusten. Jagdrevier und Wohnbau werden gewechselt, wenn der Jagderfolg nachläßt.

Nachts schläft der ganze Trupp zusammengekuschelt im Bau. Der Tag beginnt mit Aufwärmen in der Sonne, dann beginnt die Nahrungssuche mit viel Scharren. Sie erbeuten vor allem Gliedertiere, auch Skorpione und Schlangen, giftige wie ungiftige. Dabei zeigt sich, daß sie viel schneller sind als die Schlange. Wenn sie die Schlange aber nicht entdecken, können sie auch ihr Opfer sein.

Ständig bleiben einige Wächter stehen, auf Jagd wie vor dem Bau, wo sich die Halbwüchsigen balgen. Bei einer Gefahr warnt der Wächter mit einem schrillen Schrei, und alles stürzt in die Röhren. Tiere, die nicht zum Trupp gehören, werden weggebissen. Die Wächter können Greifvögel von anderen Vögeln unterscheiden und warnen vor Luftfeinden mit einem anderen Ruf als vor Bodenfeinden. Dazu haben sie noch eine Reihe weiterer Verständigungslaute. Erdmännchen können sehr zahm werden, und die Jungen schnurren bei Wohlbehagen wie die Katzen.

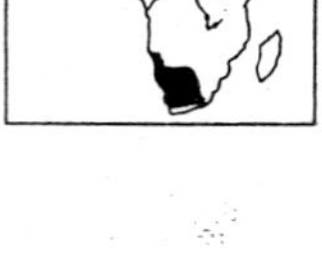

Rotichneumon, Lesser Mongoose, Herpestes sanguineus

Viele Unterarten mit verschiedener Färbung zwischen rot-, grau- oder olivbraun, die Grannen hell geringelt, der Schwanz am Ende meist schwarz und knapp körperlang. Kopf-Rumpflänge 25 bis 40 cm, größer als ein Hermelin, aber nur etwa halb so groß wie das Eigentliche Ichneumon.

Die Tiere jagen am Tage und in der Dämmerung, halten sich in heißen Stunden verborgen und sind nach heißen Tagen auch in Mondnächten unterwegs, teils einzeln, oft paarweise und manchmal mit den herangewachsenen Jungen, die im Gänsemarsch hinter den Eltern herlaufen. Die Tiere können wie alle Ichneumons die Ohren zukneifen, ein Schutz beim Ausscharren von Genießbarem und wenn sie die Nase in alles hineinstecken. Die kleinen Räuber kommen der Ratten wegen auch in die Dörfer. Sie flüchten sich auf Bäume und klettern dort geschickt wie die Eichhörnchen, stammabwärts klettern sie sogar mit dem Kopf nach unten.

Handaufgezogene werden sehr zahm und benutzen den Menschen als Kletterbaum, seine Jackentaschen als Versteck und die Wohnung als Ort, wo man alles auf den Kopf stellen kann.

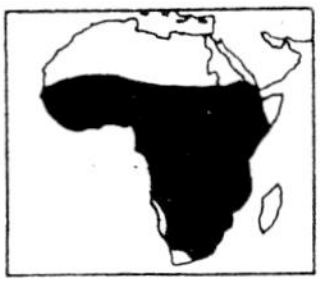

Sumpfichneumon, Marsh Mongooose, Herpestes paludinosus

Arttypisch sind Kopfform und Schwanzlänge gleich 2/3 der Kopf-Rumpf-Länge. Rauhhaarig, rotbraun bis braunschwarz. Kopf-Rumpf-Länge bis 60, Schwanz bis 40 cm.

Stets in Wassernähe, meist einzeln, manchmal paarweise oder als Familie, dabei geht vorne das Männchen, dahinter das Weibchen, und die Jungen folgen im Gänsemarsch. Dämmerungs- und nachtaktiv. Die Tiere durchstöbern auf stets den gleichen Pfaden ihr Revier, sie tasten im trüben Wasser mit den Füßen nach Muscheln und Schnecken und schleudern hartschalige Beute gegen Steine, um sie aufzubrechen. Sie sind nicht wasserscheu und schwimmen und tauchen gut. Im Hühnerstall der Einheimischen sind sie eine Katastrophe.

Die Weibchen bringen 1 oder 2 Junge zur Welt und haben 4 Zitzen. Nirgends häufig.

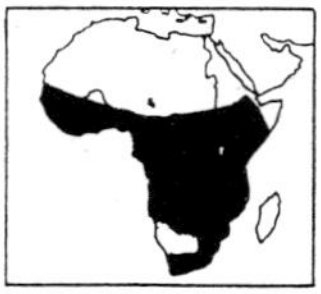

Fuchsmanguste, Yellow Mongoose, Cynictis penicillata

Höherbeinig als die anderen Mangusten, mit buschigen, am Ende hellen Schwanz. Gesamtlänge um 70 cm.

Kolonien von meist 20 bis 50 Tieren in sandigen Gegenden in Südafrika. Im Mittelpunkt des Reviers liegt ein Gemeinschaftsbau mit bis zu 45 Meter langen Röhren, Hunderten von Eingängen und vielen Kesseln. Oft hausen im gleichen Bau auch Springhasen, Erdhörnchen und Scharrtiere. Die Tiere zerstreuen sich am Tage, durchstreifen einzeln oder paarweise ihr Revier und entfernen sich dabei kilometerweit von ihrem Bau. Sie fressen neben tierischer Kost auch Früchte und brauchen nicht zu trinken. Sie können minutenlang "Männchen machen" und beobachten dabei sehr genau. Sie erspähen einen Greifvogel oft eher als der Mensch. Vor allem erbeuten sie Heuschrecken, überwältigen aber auch Kleinsäuger bis Rattengröße und Vögel und scharren oft vergrabene Tiere aus dem Sand. Wenn die Nahrung im Umkreis der Kolonie erschöpft ist, ziehen alle um.

In Südafrika ist die Fuchsmanguste der gefährlichste Tollwutüberträger.

Erdwolf, Aardwolf, Proteles cristatus

In Gestalt und Zeichnung wie eine zierliche Hyäne, aber viel kleiner, Gewicht um 10 kg, wie ein sehr schwerer Hase. Schulterhöhe um 50 cm, mit aufrichtbarer Rückenmähne. Die Backenzähne sind verkümmert.

Einzelgänger, während der Jungenaufzucht auch paarweise in Savannen und Halbwüsten. Tagsüber in bis zu 10 Meter langen, selbstgegrabenen Höhlen, manchmal auch in der Sonne am Eingang, aber sehr scheu.

Nachts auf Nahrungssuche unterwegs. Die Erdwölfe sind extreme Nahrungsspezialisten: Sie fressen fast nur Termiten, auch die bissigen und schlecht schmeckenden Soldaten. Sie orten mit ihrem extrem feinen Gehör das Knabbern der grasfressenden Termiten und lecken sie mit der sehr breiten Zunge von den Halmen. Es stört sie nicht, wenn sie dabei auch große Mengen Sand mit aufnehmen. Bei Gelegenheit fressen sie auch Vogeleier und Nestlinge, Mäuse und Echsen. Sie wurden auch schon am Aas gesehen.

In die Enge getriebene Erdwölfe sträuben die Mähne und entleeren Stinkdrüsen, deren Inhalt auch als Zutat zu Parfüms geschätzt ist. Heute sind sie außerhalb der Schutzgebiete fast ausgerottet, am ehesten sieht man sie bei Mondschein in der Serengeti auf Nahrungssuche.

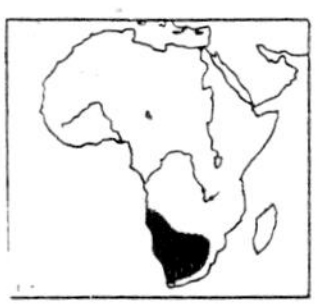

Fuchsmanguste

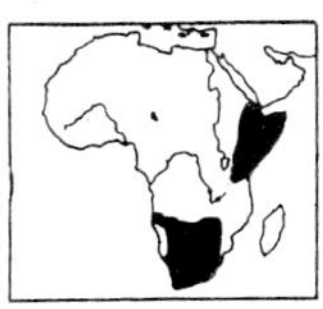

Erdwolf

Tüpfelhyäne, Spotted Hyena, Crocuta crocutta

Gewicht 55 bis 85 kg, die größeren Tiere sind Weibchen.

In Rudeln von meist 10 bis 30 Tieren in der Savanne, tagsüber verschlafen im Schatten, in oder vor dem selbstgegrabenen Bau mit Röhren, in die auch ein Mensch kriechen könnte. Nachts als Aasfresser und Räuber unterwegs. Eine Beute wird restlos aufgefressen, selbst die größten Knochen zerbissen, notfalls auch die blutgetränkte Erde nicht verschmäht.

Ein starkes Hyänenrudel kann Löwen von Riß vertreiben, indem die Tiere gemeinsam "wie ein Mann" grollend und zähnefletschend vorrücken. Hyänen erreichen 65 Stundenkilometer, sie hetzen Gazellen minutenlang und über viele Kilometer, müssen dann aber oft einem Löwenrudel weichen, das Zeuge der Jagd gewesen ist.

Hyänen leben in festen Revieren, deren Grenzen sie mit Kot markieren, der durch die Knochenkost weiß ist. Viel begangene Hyänenpfade ziehen sich als weiße Bänder über das Land.

Hyänen zerbeißen auch Schildkröten, fressen Straußeneier, sie graben Leichen aus, greifen Schläfer an und haben schon Frauen bei der Feldarbeit überfallen und getötet. Im vorkolonialen Afrika sollen mancherorts die Sterbenden aus dem Kraal gebracht worden sein. Die holten dann die Hyänen.

Hyänen sind nicht mit den Hunden verwandt, sondern eher mit den Mangusten. Der Name kommt aus dem Griechischen. Dort heißt "hys" das Schwein, das mit den Hyänen das borstige Fell gemeinsam hat.

Löwe, Lion, Felis leo

Männchen um 200, Weibchen um 120 kg, und damit nächst dem Tiger die größte Katze.

Die einzige in Rudeln lebende Katze. Ein Rudel besteht aus einem oder mehreren Männchen und einigen Weibchen und deren Jungen. Es ist die Aufgabe der Männchen, das Jagdgebiet gegen andere Löwen zu verteidigen. Sie markieren es durch allabendliches Löwengebrüll. Die aus dem Rudel verstoßenen jungen Männchen leben einzeln oder zu zweit und dritt nomadisierend und versuchen, selber Rudellöwen zu werden. So sind die Männchen zu Kampfmaschinen geworden. Ein Rudelpascha kann sich gewöhnlich nur 2 oder 3 Jahre an der Spitze halten, dann muß er weichen oder wird im Kampf getötet. Der neue Rudelherr tötet als erste Handlung alle Junglöwen in seinem Rudel. Das ist von der Evolution herausgearbeitet, denn es vergrößert die Überlebenschance für sein Erbgut.

Löwen jagen im Rudel: Sie kreisen die Beute ein, treiben sie einander zu, fallen gemeinsam über sie her. So kämpfen sie sogar den Büffelstier nieder und töten ihn, indem einer sich im Maul des Büffels verbeißt und es zupreßt.

Die Steppentiere kennen den Löwen. Zebras nähern sich schlafenden bis auf wenige Meter. Um so nervöser sind sie am Wasserloch, wenn sie wissen, daß irgendwo im Schilf hungrige Löwen lauern.

Erwachsene Löwen haben nur einen Feind: das Krokodil.

Altersschwache Löwen werden von Hyänen verfolgt, so daß sie keine Beute mehr machen können, und schließlich unter dem furchtbarsten Löwengebrüll ihres Lebens zerrissen.

Leopard, Leopard, Panthera pardus

~~Etwa~~ Männchen etwa so groß und schwer wie ein Mensch, Weibchen kleiner (bis 50 kg). In den Aberdare-Bergen kommen auch Schwärzlinge (Schwarze Panther) vor.
Der Leopard ist ein universeller Räuber: Er schlägt vor allem Impalas, aber auch junge Zebras, Geparde, Menschenaffen, Schlangen, Schildkröten und natürlich Haustiere, vor allem Hunde. Im hohen Gras, wo er sich anschleichen kann, schlägt er Vögel ab Taubengröße, er geht an Aas und verschmäht selbst Heuschrecken nicht. Sehr hungrige Leoparden greifen auch Menschen an. In Indien haben sie, nachdem man das Wild weggeschossen hatte, Tausende getötet und sind auch heute noch bedrohlich. Sie schleppen größere Beute auf Bäume, unerreichbar für Löwen und Hyänen, obwohl diese 2 m hoch danach springen. Leoparden kommen monatelang ohne Wasser aus. Von Menschenhand aufgezogene werden im Alter gefährlich.

Serval, Serval Cat, Leptailurus serval

Wie eine übergroße, großohrige, hochbeinige, kurzschwänzige Hauskatze, Gewicht 6 bis 15 kg. In Halbwüsten sandfarben, fast ohne Flecken, zum Regenwald hin mehr und mehr dunkel getupft, das Foto stammt aus dem Senegal.

In der Strauch- und Baumsavanne, in Hochgras, Schilf, aber nicht im finsteren Regenwald. Die Kater besetzen Reviere, die Katzen streifen mehr umher, zeitweise in Begleitung ihrer halbwüchsigen Kinder. Tag- und nachtaktiv, aber selten zu sehen. Die schönen Katzen laufen, springen, klettern und schwimmen gleich gut, sie erbeuten nach notfalls stundenlangem Auflauern und Anschleichen im Fangsprung vor allem rattengroße Nager, aber auch Klippschliefer, Hasen, Ducker, Perlhühner und Frankoline. Der Serval liebt Wassernähe und kann auch Fische mit der Pfote aus dem Wasser schlagen. Er muß regelmäßig trinken.

Die Jungen werden in einem mit Gras ausgelegten Versteck abgelegt, mit Vorliebe in den Bauten von Stachelschwein oder Erdferkel.

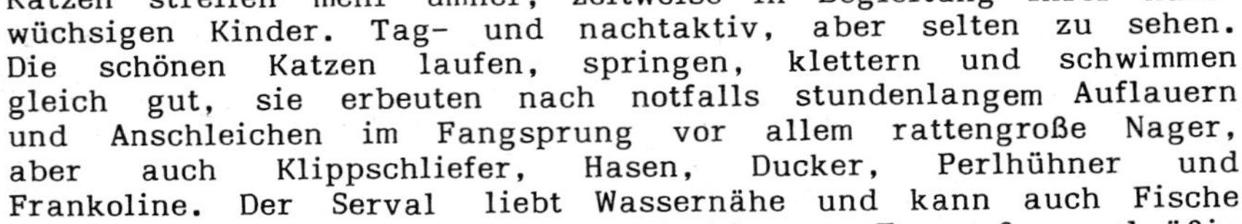

Tüpfelhyäne Gepard Caracal Löwe Leopard Serval

Gepard, Cheetah, Acinonyx jubata

Hochbeinig, kleinköpfig, mit schwarzem Strich vom Auge zum Mund, etwa so groß wie ein Schäferhund. Die Jungen sind ungefleckt und mit Rückenmähne. Die Krallen sind nicht rückziehbar und außerdem stumpf, werden aber eifrig "gewetzt".

Von der Halbwüste bis in die Savanne, wo sie von Büschen und Bäumen durchsetzt ist. Meist gesellig; die Brüder eines Wurfs, Mutter oder Eltern mit großen Jungen. Oft sitzen die Tiere stundenlang auf Termitenhügeln und halten nach Beute Ausschau, sie schleichen sich über Stunden geduldig an und brechen auf höchstens 100 m Abstand zur Hatz hervor. Bis 150 m halten sie 110 Stundenkilometer durch, bis 500 m schaffen sie noch 80 Stundenkilometer. Sie schlagen der Beute im vollen Lauf die Hinterbeine weg und würgen sie am Hals, bis sie erstickt ist. Sie kehren nie zum Riß zurück und gehen nicht an Aas. Oft wird ihnen die Beute von Löwen oder Hyänen abgenommen. Hauptbeute Thomsongazellen, auch Hasen, sogar Stachelschweine. Gemeinsam greifen sie auch Gnus und Zebras an. Die Jagd muß spätestens alle 3 Tage erfolgreich sein. Sie ist es auch, schon weil die Beutetiere als Grasfresser einem Bauch voll Pflanzen bei der Flucht mitschleppen müssen.

Der Gepard selber kann Leopardenbeute sein, die unter einem Busch abgelegten Jungen sind allen größeren Räubern ausgeliefert. Schon darum ist der Gepard nirgends häufig, der Bestand gibt Anlaß zur Sorge.

Geparden wurden seit 3.000 Jahren im Orient zur Jagd abgerichtet. Man trug sie auf Pferden bis in die Nähe der Gazellen und ließ sie dann los. Sie werden in Menschenhand sehr zahm und schnurren wie die Katzen.

Wüstenluchs, Karakal, Caracal, Caracal caracal

Mit Pinselohren wie der Luchs, sandfarben bis zimtbraun, mit einer Kopf-Rumpflänge um 60 cm viel kleiner als ein Luchs, Gewicht bis 19 kg, der Schwanz etwa 1/3 körperlang.

Verbreitet von der Trockensavanne bis in die Halbwüste, nirgends häufig. Außerhalb der Paarungszeit Einzelgänger in einem sehr großen, an den Grenzen mit Harn markierten Revier. Dämmerungs- und nachtaktiv. Die Jungen werden in einem versteckten Lager geboren und folgen später der Mutter auf ihren Streifzügen.

Der Wüstenluchs ist ein vollendetes Raubtier. Er schleicht sich an und überrumpelt die Beute in unwiderstehlichem Blitzstart. Er schlägt fliegende Vögel aus der Luft, wenn sie niedriger als 3 m fliegen. Aus einem startenden Taubenschwarm kann er bis zu 10 Vögel niederschlagen. Er beißt dem liegenden Strauß die Kehle durch. Im Schafpferch richtet er ein Blutbad an. Er lauert auf Felsen und springt der Beute auf den Rücken. Er tötet Antilopenkälber und fängt Springmäuse. In Persien wurde er früher zur Jagd auf Hasen und Wildhühner abgerichtet. Man hat ihn auch schon Früchte und Gras fressen sehen.

In die Enge getrieben, springt er den Feind entschlossen an.

Indri, Indri indri

Körperlänge um 90 cm, dazu ein 5 cm langer Stummelschwanz.

In Regenwäldern an der Ostküste Madagaskars, tagaktiv, aber gewöhnlich in der Kronenregion verborgen, wo die Tiere als Sprungartisten umherwandern, wobei man meist nur ihre klagende, an Hundegeheul erinnernde Stimme hört. Der Name Indri stammt aus der madegassischen Sprache und bedeutet:"Schaut her". Die Indris sind hoch spezialisierte Blattfresser. Bisher hat man sie nicht im Zoo am Leben erhalten können. Sie sind durch Abholzung ihres Lebensraumes vom Aussterben bedroht. Verwandte Arten, die teils so groß waren wie ein Gorilla, sind seit langem verschwunden.

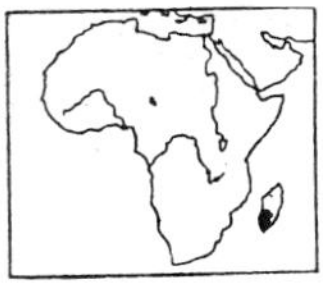

Katta, Ring-tailed Lemur, Lemur catta

In dem Fuchsgesicht fallen die bernsteingelben Augen in einer schwarzen Maske auf. Körperlänge um 45 cm, dazu ein 55 cm langer schwarz-weiß geringelter Schwanz, der am Boden kerzengerade getragen wird.

Truppweise in trockenen Bergwäldern in Westmadagaskar. Gute Kletterer, die aus 15 m Höhe auf den Boden springen können. Die Männchen haben Duftdrüsen an den Armen, mit deren Sekret sie den Schwanz einreiben, ehe sie damit herumwedeln.

Allesfresser, die mit saftigen Früchten und Morgentau ohne Trinkwasser auskommen.

Durch Abholzung und Bejagung von der Ausrottung bedroht, obwohl es außerhalb von Madagaskar erfolgreiche Zuchtgruppen gibt.

Blutbrustpavian, Dschelada, Gelada Baboon, Theropithecus gelada

Männchen mit einem Schulterumhang aus langen Haaren und nackten, roten "Busenfeldern" auf der Brust. Das Gesicht ist maskenhaft mit hellen Augenbrauen. Männchen bis 75 cm, selten bis ein Meter lang, dazu bis 50 cm Schwanz, Gewicht bis 20 kg. Nur im Hochland von Äthiopien.

Die Horden verbringen die Nacht in Felswänden, wo sie bedächtig klettern, manchmal in der gleichen Wand wie der Mantelpavian, aber während dieser am Tag in die Täler wandert, steigt der Dschelada auf in die Mattenregion bis in 4000 m Höhe, bis einige km von den Schlafplätzen entfernt. Morgens sitzen die Tiere genießerisch in der Sonne, dann zerstreuen sich die Familien zur Nahrungssuche, wobei die Mütter ihre Jungen im Bauchfell angekrallt tragen und oft noch mit einer Hand an den Körper pressen. Die Männer sehen zwar imposanter aus als die Weibchen und zeigen in der Wut die gewaltigen Eckzähne, wobei sie die rosa Oberlippe hochklettern und die hellen Augenbrauen heben, daß es wie eine Teufelsfratze aussieht, aber sonst haben die Männchen in der Horde nicht viel zu sagen.

Die Affen wurden seit jeher bejagt, und wie es mit ihnen weitergeht nach 30 Jahren Bürgerkrieg in ihrer Heimat, bei dem viele Schußwaffen unter die Leute gekommen sind, das ist eine bange Frage.

Mantelpavian, Hamadryas Baboon, Papio hamadryas

Männchen mit grauem Umhang, beide Geschlechter mit roten, prallen Gesäßschwielen. Bis 80 cm, dazu 20 cm Schwanz.

In großen Herden, wo Schlaffelsen und Wasser zusammenkommen. In den Herden Kleingruppen, meist ein Mann und einige Frauen, denen sich niemand aufdrängt: Man weiß, wer wem überlegen ist. Man dreht gemeinsam Steine um, reißt den Skorpionen den Stachel aus, gräbt nach Wurzeln und will die Felder der Bauern plündern. Vor Einführung von Gewehren haben sich die Horden mit den Bauern wahre Schlachten geliefert. Sie sollen schon mit Steinen geworfen haben. Mittags geht der Trupp zum Trinken, abends steigt er in die Schlaffelsen, wo man mit furchterregender Gestik um die sichersten Plätze streitet.

In ägyptischen Gräbern hat man Hunderte von Pavianmumien gefunden. In vielen Zoos sind Mantelpaviane die Attraktion und Lachnummer. Wie sie den Bürgerkrieg in ihrer Heimat überstanden haben, weiß ich nicht. Man muß sich Sorgen um sie machen.

Steppenpavian, Babuin, Baboon, Papio cynocephalus

Etwa so groß wie ein Schäferhund, heller oder dunkler braun.

In Horden von bis 200 Tieren in Baumsavannen mit ganzjährigen Wasserstellen. Die Tiere schlafen im Sitzen auf festen Schlafbäumen. Die Horden bestehen aus Kleingruppen, meist einem Mann, einigen Frauen und deren Kindern. Es gibt auch Frauenpaare, Männerfreundschaften und Spielgruppen Halbwüchsiger.

Der Trupp kennt sein Revier ganz genau, teilt es aber mit anderen Horden. Beim Umherstreifen gehen vorne die jungen Männchen, in der Mitte die Frauen, Kinder und stärksten Männer, hinten wieder junge starke Männer. Greift der Leopard an, so drängen sich zunächst alle flüchtend zusammen. Kommt der Feind bedrohlich nahe, so brechen plötzlich aus der Mitte die stärksten Männer mit Kampfgeschrei hervor. Bekommen sie den Feind zu packen, so halten sie ihn mit Händen und Füßen fest und zerreißen ihn mit den starken Eckzähnen. Nur mit dem Löwen wagen sie nicht den Kampf.

Alte und Kranke schleppen sich verzweifelt hinter der Horde her, wer zurückbleibt, ist des Todes. Die kleinen Jungen klammern sich ins Bauchfell der Mütter, die größeren reiten und lehnen sich bequem an den hochgebogenen Schwanz.

Paviane fressen vor allem Pflanzliches, sie zerreißen aber auch Antilopenkälber und Meerkatzen, ja sie haben schon Kinder aufgefressen. Die Frauen haben eine Woche pro Monat Lust auf Sex. Anfangs bieten sie sich rangniederen Männchen an, wenn es ernst wird, gehen sie zu ranghohen Männern und sind zärtlich.

Paviane müssen trinken. Aus engen Wasserlöchern holen sie das Wasser mit dem Schwanz. Sie können 45 Jahre alt werden.

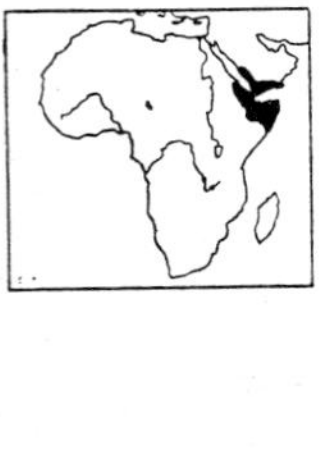

Mantel-
pavian

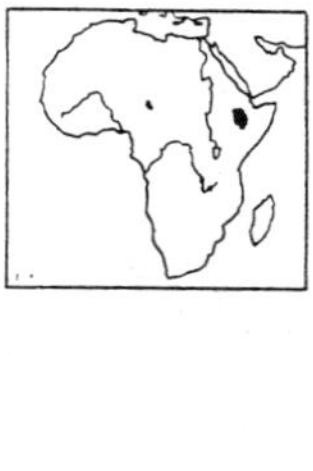

Blutbrust-
pavian

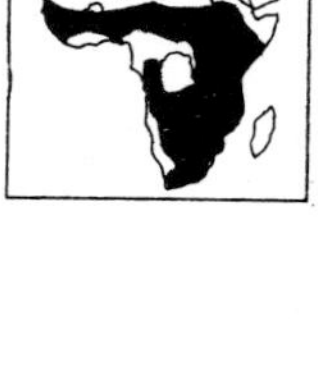

Steppen-
pavian

Husarenaffe, Patas Monkey, Erythrocebus patas

Rücken ziegelrot bis grau, Bauchseite bei alten Männchen weiß, sonst grau. Männchen mit Backenbart. Länge der Männchen bis zur Schwanzwurzel bis 110 cm, Schwanz bis 60 cm, Männchen 10 bis 13 kg, Weibchen 5 bis 7 kg.
Nomaden in der Baum- und Hochgrassavanne in Trupps aus einem Männchen, einigen Weibchen und deren Jungen. Daneben gibt es Einzelgänger und Junggesellentrupps. Die Affen sind furchtsam und leise, sie flüchten früh in großen, schlaksigen Sätzen, die Windhunde unter den Affen. Geführt wird die Truppe von den Weibchen, die das Männchen auch zur Begattung auffordern. Es geht bei den Streifzügen als lebender Köder voraus und lenkt Angreifer auf sich. Kommt es um, so erlauben die Weibchen einem Junggesellen, Nachfolger zu werden. Ähnlich sind die Beziehungen wohl bei allen Säugetieren, bei denen ein Männchen viele Weibchen begatten kann. Die heißen Mittagsstunden und die Nacht verbringen die Tiere in Bäumen, flüchten aber auf den Boden. Nachts schlafen sie einzeln, so daß ein Nachträuber wie der Leopard höchstens einen erbeutet. Darum auch stieben sie bei der Flucht auseinander.
Sie fressen Gräser, Früchte und Kleintiere, lecken Ameisen von Zweigen und fangen Vögel mit der Hand. Sie müssen nicht trinken, tun es aber und schöpfen aus engen Löchern das Wasser mit der Hand.

Magot, Berberaffe, Barbary Ape, Macaca sylvana

Schwanzlos, für einen Affen sehr warm und wollig "angezogen", Gewicht bis 15 kg, wie ein Terrier.

Früher in ganz Nordafrika, verhaßt als Feldverwüster und gefährdet durch Abholzung und Beweidung, heute scheu und heimlich in felsigen Schluchten. Eine Kolonie auf dem Felsen von Gibraltar und damit der einzige Affe Europas. Die Herkunft der Gibraltaraffen ist unbekannt, sie wurden zum erstenmal im Jahre 711 erwähnt. Sie lebten auf Gibraltar in 2 Horden, eine recht scheue hoch auf dem Felsen und eine Bettelhorde weiter unten. Sie haben schon manche Kamera und Handtasche geklaut und vom Felsen geworfen. Ihr Bestand wird heute auf 40 Tiere beschränkt, war aber um 1910 unter 10 gesunken, so daß er mit Wildfängen aus Nordafrika aufgestockt wurde. Wahrscheinlich reicht eine Population von 40 Tieren nicht aus, um auf Dauer Inzuchtschäden zu verhindern.

Magots sind winterfest. Eine wachsende Herde lebte 20 Jahre in Hessen, wurde aber abgeschossen, als unter den Tieren die Tollwut ausbrach.

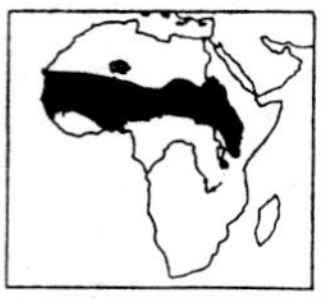
Husarenaffe

Berberaffe

Grünmeerkatze, Green Monkey
Ceropithecus aethiops

Gesicht schwarz, sonst olivgrau, hasengroß, dazu ein etwa körperlanger Schwanz. Bis 8 kg.

Der häufigste Affe in der Savanne, immer in der Nähe von Fluchtbäumen und nachts auf stets den gleichen Schlafbäumen, wo sie jeden Sprung auch "blind" beherrschen. Auf Campingplätzen klauen sie frechdreist Eßbares, aber auch Kameras, trinken Gläser aus, stopfen sich die Backen voll und fressen in Ruhe im nächsten Baum. Als Feldverwüster verhaßt und als Heuschreckenfresser gelobt. Zu ihren Feinden gehören Adler, Python und Steppenpavian. Der Name "Meerkatze" kommt aus Indien. Dort heißen die Affen "Markata".

Monameerkatze, Mona Monkey,
Ceropithecus mona

Mit hellem Querstreif über den Augen, hasengroß, Schwanzlänge 60 bis 70 cm, 3 bis 6 kg.

Im westafrikanischen Urwald häufig. Die Trupps ziehen auf stets den gleichen Wegen durch die mittleren Etagen der Bäume, fressen Laub, Früchte und Tierisches, trinken Tau und Regen und kommen fast nie auf den Boden. Bei Gefahr erstarren sie hinter dichtestem Laub. Der Kronenadler greift sie mit einer Faust und zertrümmert mit der anderen ihren Kopf, noch ehe sie sich mit Händen, Füßen und Zähnen wehren können. Der Felsenpython erbeutet manche aus versteinertem Auflauern heraus, manche werden von Giftschlangen gebissen.

In Menschenhand können sie 30 Jahre alt werden.

Gorilla, Gorilla gorilla

Männer 170 bis 180, selten auch bis 200 cm groß und bis 250 kg schwer, im Zoo auch bis 350 kg. Frauen 140 bis 150 cm und bis 110 kg. Männer entwickeln ab dem 10. Jahr den Silberrücken. Lebenserwartung in Freiheit 25 bis 30 Jahre, mehr als bei den Steinzeitmenschen, im Zoo bis 38 Jahre.

Ein Silberrückenmann lebt mit einigen Frauen und deren Kindern zusammen; wird er alt oder krank, so suchen die die Frauen einen neuen Mann.

Bedrohte Gorillas zeigen einen furchterregenden Drohtanz und stürzen mit gefletschten Zähnen gegen den Feind, stoppen aber meist einige Meter vor ihm ab. Als die Schwarzen den Gorilla noch mit langen Speeren jagten, gab es oft Tote und Verletzte. Auch unter den Hordenführern kann es fürchterliche Kämpfe geben, wobei viel Blut fließt.

Auf den Virunga-Vulkanen leben etwa 350 Groillas, einige davon wurden so an Menschen gewöhnt, daß man Touristen auf wenige m heranführen kann. Die später von Wilderern ermordete D. Fossey durfte sie sogar flöhen.

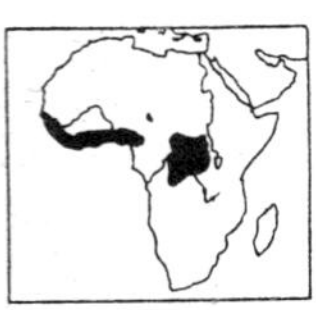

Mona-
meerkatze

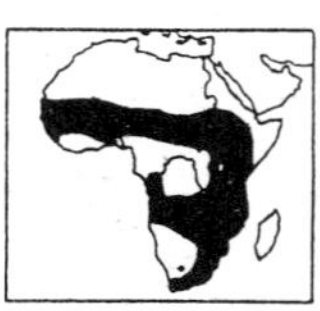

Grün-
meerkatze

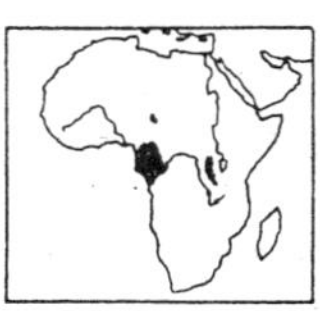

Gorilla

Schimpanse, Chimpanzee, Pan troglodytes

Körpergröße, wie beim Menschen gemessen, 120 bis 170 cm, Gewicht in Freiheit 40 bis 55 kg, im Zoo bis 90 kg.

In Wald und Baumsavanne, heute fast nur noch in Schutzgebieten, wurden und werden für den Kochtopf gejagt. In Horden mit mehreren Männern und Frauen und deren Kindern. Wenn sich 2 Horden begegnen, erheben die Männer ein fürchterliches Geschrei und stehen sich mit gesträubten Haaren gegenüber, reißen Bäumchen aus und toben herum. Auch Beißereien kommen vor. Die Weibchen paaren sich, wenn der "Boss" wegschaut, auch mit rangniederen Männchen, ein Hinweis darauf, daß auch die Menschennatur nicht auf eheliche Treue angelegt ist.

Schimpansen kreisen kleinere Affen ein, um sie zu zerreißen und zu fressen; zum gleichen Zweck haben sie auch schon Säuglinge entführt. Sie stochern mit Ästchen in Termitenlöchern, zertrümmern harte Früchte mit Steinen und zeigen den Kindern, wie man's macht.

Im Gombe Stream-Nationalpark hat man Schimpansen an Touristen gewöhnt und eine Futterstelle für sie eingerichtet. Ansonsten ist ein Schimpansenmann, der den Menschen nicht fürchtet, ein nicht ganz ungefährlicher Bursche, der töten kann.

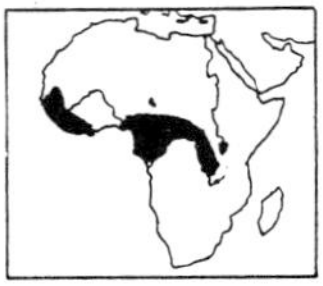

Rüsselhündchen, Giant Elephant Shrew, Rhynchocyon cirnei

Die größte Elefantenspitzmaus, Körperlänge 20 bis 30 cm, der Schwanz etwas kürzer, etwa so groß wie eine Ratte. Fellfärbung sehr unterschiedlich, gelblich bis schwarzbraun, mit oder ohne Olivton, mit oder ohne Flecke.

In Wäldern mit grasigem Unterwuchs, in Dickicht und Gebüsch. Tagaktiv, meist einzeln unterwegs. Die Tiere laufen rasch trippelnd und etwas ruckartig auf stets den gleichen Wegen, die Nasenspitze am Boden, hastig schnüffelnd und leise vor sich hinquiekend. Auf der Flucht benützen sie die gleichen Wege, die sie offenbar auch blind laufen könnten. Der Verfolger muß sich dagegen orientieren. Das gibt ihnen den oft lebensrettenden Vorsprung.

Die Tiere verbringen die Nacht in Felsspalten oder selbstgescharrten Höhlen, die sie auch auspolstern. Die Jungen bleiben nur wenige Tage im Nest, dann folgen sie der Mutter. Die Tiere ernähren sich von tierischer Kost aller Art, vor allem von Insekten, aber auch von Jungvögeln und Kleinsäugern.

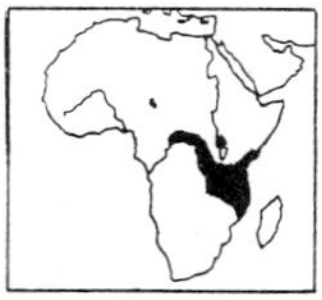

Elefantenspitzmaus, Rufous Elephant Shrew, Elephantulus rufescens

Augen groß, Ohren beweglich, unbehaart, langoval. Rüssel an der Unterseite behaart. Körperlänge 10 bis 15 cm, etwa wie ein Maulwurf.

In trockener, steiniger oder sandiger Dornbuschsavanne mit viel Bodendickicht. Tagaktiv. Die Tiere laufen hastig schnüffelnd und mit zirpenden Lauten umher und suchen Insekten, vor allem Termiten und Ameisen, nehmen Vogelnester aus und verschmähen Beeren und Wurzeln nicht. Oft paarweise oder in Familien.

Die Tiere sind entfernt mit den Spitzmäusen verwandt. Eine ähnliche Art, die Nordafrikanische Elefantenspitzmaus, lebt von Marokko bis Tunesien. Sie leben in Kolonien auf geröllreichen Hügeln mit spärlichem Pflanzenwuchs. Sie sind vor allem in den Mittagsstunden aktiv, machen oft Männchen, laufen trippelnd, durchstöbern mit zitterndem Rüssel alle Spalten und flüchten mit langen Sätzen nach Art der Springmäuse. In Gefangenschaft sind sie sehr hinfällig.

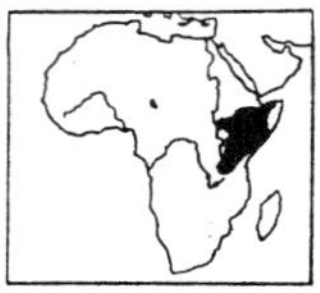

Wüstenigel, Ethiopien Hedgehog, Paraechinus aethiopicus

Die Ohren reichen, nach vorne gelegt, nicht über die Augen, sie ragen aber weit über die Stacheln und werden vom Igel beim Lauschen bewegt. Stacheln auf der Kopfmitte gescheitelt. Gewicht um 500 Gramm, wie eine fette Ratte.

In Steppen, Halbwüsten und Wüsten. In der Lebensweise ähnlich wie der europäische Igel, nachtrege, schnaufend und prustend, hurtig trippelnd; tagsüber in Löchern aller Art, manchmal auch unter dichtem Gestrüpp und in selbstgegrabenen Höhlen, wo die Igel manchmal Futtervorräte anlegen. Die Igel erbeuten vor allem Heuschrecken, aber auch Eidechsen und Schlangen, die sie mit den Stirnstacheln auf den Boden drücken, um sie dann zu zerbeißen. Die Paarung gelingt, weil das Weibchen die Stacheln anlegt. Die Jungen werden mit weichen Stacheln geboren, die in den ersten Tagen aushärten.
Das Foto stammt aus Ägypten.

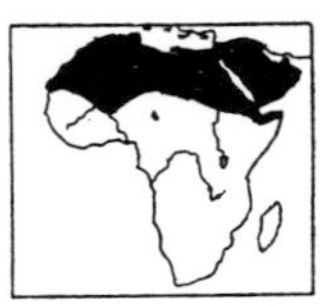

Rhinolophus landeri
Lander's Horseshoe Bat

Oft leuchtend rostrot und mit einem schüsselförmigen "Richtstrahler" für die Ultraschallschreie um die Nasenlöcher. Kopf-Rumpflänge 4 bis 6 cm, Gewicht 6 bis 9 Gramm!
Tagsüber einzeln oder öfter in lockerer Gesellschaft, auch zusammen mit anderen Fledermäusen und täglich am gleichen Platz, unter dem sich Kotkrümel sammeln. Manchmal auch in unbenutzen Schuppen, auch tagsüber wachsam und zu blitzschnellem Abflug bereit.

Verbreitet in Regenwald und Feuchtsavanne von Gambia über den Kongo bis Ostafrika, auch in Sansibar.

Palmflughund, Straw-coloured Bat, Eidolon helvum

Alttiere mit einem gelblichen Halsband auf der graugelben Unterseite. Mit 70 cm Spannweite der größte afrikanische Flughund.

Tagsüber hängen die Tiere in oft mehrtausendköpfigen Kolonien in den höchsten Urwaldriesen, man putzt und räkelt sich, faltet die Flügel neu, beschimpft den Nachbarn oder sucht einen neuen Schlafast. In der späten Dämmerung fliegen kleine Trupps mit krähenartigem Flug weit ins Land zu fruchtenden oder blühenden Bäumen, wo man mit lautem Zwitschern Blüten und Früchte speist. In Lichtstrahl leuchten die Augen rot. Am Morgen ist der Boden mit angebissenen Früchten übersät. Die Weibchen tragen die kleinen Jungen ins Bauchfell gekrallt.

Mancherorts als geräucherte Mumien auf dem Markt. Die Tiere lassen sich leicht mit Früchten ernähren und werden sehr zahm.

Epauletten-Flughund, Epauletted Fruit Bat, Epomophorus wahlbergi

Der Name stammt von ausstülpbaren weißen Haarbüscheln an den Schultern der Männchen, die sich auch durch einen längeren Kopf von den Weibchen unterscheiden. An den Ohrwurzeln ein weißer Fleck. Länge um 15 cm. Es gibt auch Epaulettenflughunde, die nur 8 cm lang werden.

Tagsüber in kleinen Gesellschaften oder einzeln in dichtem Laub, gern über dem Wasser. Gestörte Tiere fliegen auf und hängen sich in der Nähe wieder an. In der Abenddämmerung stoßen balzende Männchen schrille Schreie aus, stülpen die Epauletten hervor und schwirren mit den Flügeln.

Die Tiere fressen Früchte und Blüten mit einer Vorliebe für wilde Feigen. Meist stopfen sie sich die Backentaschen voll und hängen sich in der Nähe auf, um die Ernte in Ruhe durchzukauen. Die Schalen spucken sie aus. Alle Früchte, die ihnen munden, sind auch für den Menschen wohlschmeckend.

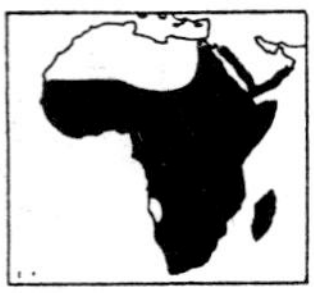

Palmflughund

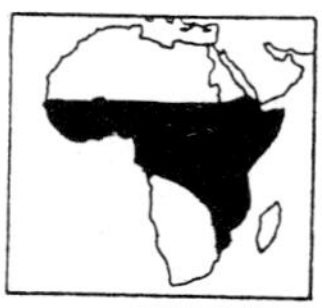

Epaulettenflughund

Nycteris hispida, Slit-faced Bat

Ohren groß, Augen klein. Über die Nasenmitte läuft eine Längsrinne. Der Schwanz ist etwa körperlang und ganz in die Flughaut eingezogen. Das Fell ist lang und fein, die Haare werden zur Spitze hin dunkler. Länge mit Schwanz um 10 cm.

Tagsüber gesellig in hohlen Bäumen, Kanalrohren und dunklen Speichern, ständig flugbereit. Bei Nacht in wendigem Flug nicht selten um Straßenlaternen, wo die Tiere auf der Jagd rechte Winkel fliegen können. Sie kommen manchmal auch in offene Fenster. Beim Flug stoßen sie leise Rufe aus wie eine tickende Uhr.

Häufig in Westafrika vom Regenwald bis in die Trockensavanne.

Pantherkröte, Bufo regularis

Vom Mundwinkel zieht sich ein Drüsenwulst nach hinten. Auf dem Rücken und zwischen den Augen etwa quadratische dunkle Flecke, die bei den südafrikanischen Tieren zimtbraun sein können. Länge bis 14 cm.

Die Pantherkröte ist die afrikanische Dorfkröte. Wo Wasser steht, auch in Trögen und Rinnen, versammeln sich zur Regenzeit die Männchen und erheben nach Einbruch der Dunkelheit ihre lauten, bellenden Stimmen, die man bei uns nicht dulden würde.

Die geselligen Quappen fallen auf durch ihre durchsichtige Bauchhaut, unter der man den zu einer Spirale aufgerollten Darm erkennt.

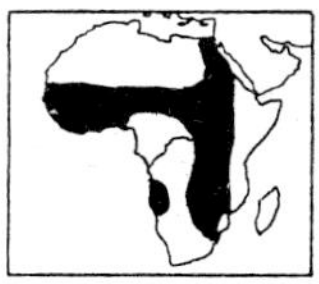

Afrikanischer Ochsenfrosch, Bullfrog, Rana adspersa

Unverwechselbar durch die gedrungene Gestalt, Jungtiere wie im Bild, alte oberseits einfarbig olivgrün. Männchen bis 20, Weibchen bis 15 cm, gewöhnlich aber viel kleiner.

Heimisch in Savannen vom Senegal bis Südafrika, in der Trockenzeit vergraben. Während der bis 10 Monate dauernden Ruhezeit verlieren die Frösche mehr als die Hälfte ihres Gewichtes, alle Körpersäfte dicken ein, obwohl die Frösche die Wände ihrer Höhle mit ihren abgestreiften Häuten auskleiden.

In der Regenzeit sitzen die Männchen im streichholztiefen Wasser in Regenzeittümpeln und lassen ihren Paarungsruf in unregelmäßigen Abständen hören. Ergriffene sollen brüllen wie eine Kuh. Die Tiere sind Räuber vom Typ der Auflauerer und bewältigen Beute bis zu ihrer eigenen Körpergröße, ihre Weibchen eingeschlossen. Im Unterkiefer haben sie 3 Knochenzapfen, die als Zähne wirken.

Die Larven schlüpfen schon nach 20 Stunden und verwandeln sich in nur 18 Tagen in Fröschchen von 2 cm Länge, die dann noch kräftig wachsen müssen, wenn sie die Trockenzeit überstehen sollen. Auch die Larven fressen sich gegenseitig an und auf, und das muß wohl so sein, um in der kurzen Regenzeit fertig zu werden. Die großen Männchen fressen zwar auch ihre Kinder, aber da sie alles anspringen, was sich bewegt, wirken sie am Ende doch als Beschützer ihrer Brut.

Rippenfrosch, Ridged Frog, Ptychadena sp.

Von der Gattung Ptychadena lebt in Afrika ein "Artenschwarm" von zur Zeit teilweise nicht sicher bestimmbaren Arten. Alle sind kenntlich an 6 oder mehr Längswülsten auf dem Rücken. Die Pupille ist queroval. Die Frösche sind etwa so groß wie unser Wasserfrosch, haben aber auffallend lange Sprungbeine.

Die Frösche leben nie weit vom Wasser entfernt in Sumpfvegetation und im Unterwuchs feuchter Wälder, wo sie mit ihrer spitzen Schnauze geschickt durch das Halmedickicht schlüpfen. In der Regenzeit sind sie ausgeschwärmt und schwer zu finden, in der Trockenzeit drängen sie sich in den verbleibenden Feuchtgebieten zusammen. Man kann dann in einem Sumpf alle Meter einen aufscheuchen, Hunderte insgesamt, und man sieht nicht einen, bevor er mit einem ungeheueren Satz von 3 bis 4 Metern die Flucht ergreift. Und danach sieht man keinen wieder.

In der Regenzeit quaken die Männchen in nächtlichem Chor wie unsere Wasserfrösche.

Krallenfrosch, Common Clawed Toad, Xenopus laevis

Oberseite grob dunkel marmoriert. Männchen bis 6, Weibchen bis 13 cm.

In schlammigen, meist in der Trockenzeit verschwindenden Tümpeln, wo sich die Frösche mit dem Versiegen des Wassers im Bodenschlamm eingraben. Die namengebenden Krallen finden sich an 3 Zehen der Hinterfüße. Die Frösche benutzen sie, um Beute aus dem Bodenschlamm auszugraben, die sie dann unter Wasser verschlingen. Mit den Fingern durchtasten sie den Schlamm. Den Daumen können sie wie der Mensch den übrigen 3 Fingern gegenüberstellen. Damit haben sie eine Hand, mit der sie die Nahrung ergreifen und zum Munde führen.

Die Weibchen kleben ihre Eier einzeln an Wasserpflanzen, insgesamt etwa 10.000 pro Jahr. Wenn man einem Weibchen den Harn einer schwangeren Frau einspritzt, so legt es in den nächsten 24 Stunden Eier, das war ein vor Jahrzehnten praktizierter Schwangerschaftsnachweis.

Die Larven sind fast durchsichtig und tragen an den Mundwinkeln 2 Tastfäden. Sie hängen kopfunten mit schlagender Schwanzspitze im Wasser und filtrieren Schwebstoffe ab.

Riesenwasserfrosch, Dicroglossus (Rana) **occipitalis**

Auf dem Rücken unregelmäßig verteilte kurze Längsrippen. Färbung veränderlich zwischen Oliv- und Brauntönen, heller oder dunkler bis fast schwarz, nachts aufgehellt. Kehle marmoriert, Unterseite hell mit dunkler Fleckung. Ein gutes Artmerkmal sind die senkrechten Bänder vom Auge zum Mund. Länge bis 12 cm, etwas kleiner als ein Seefrosch.

Als echter Wasserfrosch an Ufern von Gewässern, vor allem nachtaktiv. Die Männchen quaken laut.
In Ruanda gibt es eine heiße Quelle von 40 Grad, deren Ufer der Frosch bewohnt und in die er sich auf der Flucht für kurze Zeit hineinwagt.

Verbreitet in der Feuchtsavanne vom Senegal über Kamerun und den Sudan bis nach Tansania. In der Trockenzeit verborgen.

Goliathfrosch, Giant Frog, Conraua goliath

Mit einer Kopf-Rumpflänge bis 40 cm bei einem Gewicht bis 3,5 kg der größte Frosch der Welt. Der Gewichtsrekord soll sogar bei 6,5 kg liegen - wie ein Baby. Die Frösche sitzen meist bei Nacht im Flachwasser von Urwaldflüssen, sie sollen auch in Stromschnellen und Wasserfällen vorkommen. Sie flüchten mit einem Sprung ins Wasser und sind an Land recht ungeschickt. Von den Einheimischen werden sie für den Verzehr mit Wurfnetzen gefangen. Sie sind nirgends häufig und vor allem durch Abholzung des Regenwaldes gefährdet. Der Frosch lebt in Südkamerun in der Umgebung von Kribi und am Rio Muni. Man kann ihn dort finden, wenn man in Trockenzeitnächten mit dem Boot die Urwaldufer absucht und nach den im Scheinwerferstrahl aufleuchtenden Augen sucht, die so groß sind wie Menschenaugen.

Nilfrosch, Nile Frog,
Ptychadena mascariensis

Rücken mit acht Längswülsten, Schnauze flach und sehr spitz. Länge bis 5 cm.

Der häufigste Wasserfrosch in fast ganz Afrika und auf Madagaskar, sehr scheu und sprungstark. In Sümpfen, Bewässerungskanälen, in Überschwemmungsgebieten.

Die alten Ägypter kannten den Frosch genau. Sie verehrten eine froschköpfige Göttin als Verkörperung des Wassers. Das Zeichen der Kaulquappe bedeutet in der Hieroglyphenschrift die Zahl 100.000.

Marmorierter Riedfrosch,
Hyperolius marmoratus

Kehle gefleckt, Rückenzeichnung je nach Fundort verschieden. Augendurchmesser mindestens so groß wie der Abstand der Nasenlöcher, Abstand Auge-Nasenloch höchstens so groß wie der Abstand zwischen den Nasenlöchern. Unterschenkellänge 1,48 bis 1,57 mal so groß wie die Kopfbreite. Um 4 cm.

In den Regenwäldern Afrikas leben viele Hyperolius-Arten, die sich je nach Alter, Geschlecht und Fundort sehr unterscheiden können, so daß man zur Bestimmung nicht ohne genaues Messen auskommt. Mehr als im Äußeren unterscheiden sich die Männchen in der Stimme.

Die Fröschchen leben nach Laubfroschart, sie sitzen morgens in der Sonne und ziehen sich später in schattig-feuchte Verstecke zurück. Nachts hört man ihren Zirpchor.

Häufig in Feuchtsavanne und Galeriewäldern vom Kongo und Ostafrika bis nach Südafrika.

Senegal-Streifenfrosch, Running Frog, Cassina senegalensis

Fingerspitzen nicht oder nur schwach verbreitert. Zwischen den Fingern keine, zwischen den Zehen nur kleine Schwimmhäute. Weibchen bis 4 cm lang, etwa wie ein Laubfrosch, Männchen etwas kleiner.

Heimisch in den Savannen von fast ganz Afrika, vom Senegal bis nach Südafrika, wo die Art aber nicht die südlichsten Provinzen erreicht. Die Frösche laufen nach Krötenart und springen nur in der Not. Sie ernähren sich vor allem von Termiten.

Nachtaktiv, in der Trockenzeit vergraben. Mit Beginn der Regenzeit versammeln sich die Frösche zur Paarung und Eiablage in stehenden Gewässern. Das Quaken der Männchen könnte man mit einem vielfach wiederholten "Guoip..guoip" beschreiben, das an das Schnurren von Nachtschwalben erinnert.

Die Kaulquappen werden 8 cm lang.

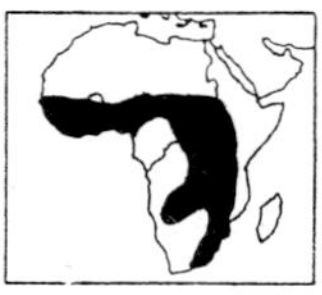

Goldfröschchen, Mantella aurantiaca

Lackrot mit schwarzen Augen, Männchen um 2, Weibchen bis 3 cm. In den Regenwäldern Madagaskars, meist unter Fallaub verborgen, sehr lokal, an den Fundorten aber gesellig. Die Männchen zirpen wie Grillen. Die Weibchen legen ihre Eier in der Regenzeit in Blattachseln, wo sich Wasser gesammelt hat. Der Regen spült die Quappen dann in die Wohngewässer, wo sie schon nach 3 bis 5 Wochen ihre Verwandlung beenden. Die Jungfröschchen sind braun mit Bronzeglanz.

Am häufigsten in Höhenlagen zwischen 800 und 1000 Metern. Ein bekannter Fundort liegt 140 km östlich von Tana bei Andasibe. Man findet dort die bis 3 cm langen Quappen in Bächen, die Fröschchen im Uferbereich.

Afrikanische Sumpfschildkröte, Pan Hinged Terrapin, Pelusios subniger

Panzer glatt, Kopf groß mit stumpfer Schnauze und 2 Tastfäden am Kinn. Oberseite einfarbig dunkel, Kopf ohne Zeichnung oder mit dunklen Flecken, Haut am Hals grau bis schwärzlich. Bauchseite dunkel, in der Mitte der Schilder oft gelblich aufgehellt. Bauchpanzer mit einem Gelenk, zum Zuklappen geeignet. Panzerlänge bis 20, selten bis 28 cm.
Am Ufer von Seen und Flüssen, in Papyrussümpfen und Reisfeldern, sehr scheu, tagsüber verborgen, manchmal auch in mildem Licht beim Sonnenbad, abends und nachts auf Futtersuche. Ernährung tierisch; Wasserinsekten, Frösche. In der Trockenzeit vergraben.

Vom Senegal durch das tropische Afrika verbreitet, auch in Madagaskar.

Spaltenschildkröte, Tornier's Tortoise, Malacochersus tornieri

Auffallend flach, etwas weich, Kopf und Beine nicht unter den Panzer rückziehbar. Panzerlänge bis 15 cm.

An trockenen, felsigen Abhängen bis 1000 m Höhe. Die Schildkröten sind geschickte Kletterer. Sie ernähren sich vegetarisch, vor allem von Pflanzen, die in ihren Blättern Wasser speichern. Sie kommen ohne Trinken aus. Bei Gefahr flüchten sie mit der Behendigkeit von Eidechsen in die nächste Felsspalte. Hier pumpen sie sich auf, bis sie in der Spalte festklemmen. Auch die heißen Stunden verbringen sie in Felsspalten.

Die Weibchen legen nur wenige Eier, ein Hinweis darauf, daß der Spaltenschildkröte nur wenige Feinde gefährlich werden.

Die Panzer der Jungtiere sind noch hoch gewölbt wie bei anderen Landschildkröten.

Seychellen-Riesenschildkröte, Testudo (Geochelone) **gigantea**

Mit einer Panzerlänge bis 1,2 m die größte Landschildkröte der Erde und auch im Zoo von der Galapagos-Riesenschildkröte leicht zu unterscheiden: Nur die Seychellenart hat einen unpaaren Nackenschild. Sie ist die letzte Überlebende der Riesenschildkröten von den Inseln um Magagaskar und hat nur auf dem unzugänlichen Eiland Aldabra überlebt, weil es außerhalb der Schiffahrtsrouten lag und mit fast undurchdringlichem Gestrüpp bewachsen ist. Trotzdem wurden um 1850 in einem Jahr noch 1.200 Riesenschildkröten von hier verschifft. Um 1.900 war die Art fast ausgerottet. Schon Charles Darwin hat sich für eine Zuchtstation auf den Seychellen eingesetzt, sie wurde auch gegründet und arbeitet heute noch erfolgreich als "parc aux Tortues". Heute leben auf Aldabra wieder Zehntausende, so viele, wie die Insel überhaupt ernähren kann. Die Schildkröten sind dort in der Jugend von Seevögeln und Strandkrabben bedroht, aber wenn sie mit 20 bis 25 Jahren erwachsen sind, haben sie keine natürlichen Feinde mehr. Inzwischen wurden sie auf verschiedenen Seychelleninseln eingebürgert oder werden gehalten. Die Zucht außerhalb dieser Inseln ist bisher noch nicht gelungen. Die Schildkröten gelten als die langlebigsten Tiere der Erde. Sie können sicher 150 Jahre alt werden, dafür führen sie auch ein geruhsames, vegetarisches Leben im Zeitlupentempo.

Starrbrustpelomeduse, Helmeted Terrapin, Pelomedusa subrufa

Flach, dünnschalig, Hinterrand des Panzers nicht ausgezackt, Bauchpanzer starr. Panzerlänge bis 25 cm, Gewicht bis 2,5 kg.

Die Pelomedusen sind "Seitenberger": Bei Gefahr ziehen sie den Hals nicht ein, sondern legen ihn seitlich unter den Panzer. Die meisten Arten haben noch ein Gelenk im Bauchpanzer, so daß sie gleichsam "die Tür zumachen" können.

Im Sümpfen und Wasserlöchern, auch solchen, die nur in der Regenzeit Wasser führen. Bei kühlem Wetter (in Südafrika) sonnen sich die Tiere gern am Ufer, flüchten aber früh ins Wasser und wühlen sich in den Bodenschlamm. Beim Ergreifen entleeren sie den Inhalt von Stinkdrüsen.

Die Tiere erbeuten Krebse, Schnecken, Frösche und andere Beutetiere, fressen aber auch Aas, von dem sie mit den Krallen Fetzen abreißen, und Wasserpflanzen. Sie fressen nur unter Wasser. Die Eier werden an Land in eine mit den Hinterbeinen gegrabene und nachher mit Erde aufgefüllte und mit Fallaub getarnte Grube abgelegt.

Zu Beginn der Trockenzeit vergraben sich die Tiere und überstehen im Boden Frostnächte und Buschfeuer. Zu Beginn der Regenzeit findet man sie manchmal auf Wanderschaft weit vom Wasser entfernt. In Afrika sind sie die häufigsten Schildkröten.

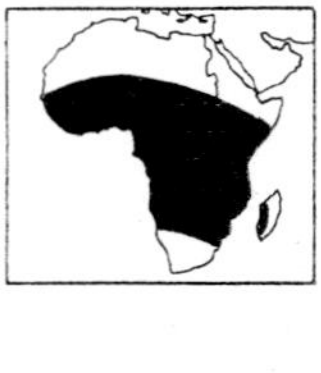

Kinixys belliana, Bell's Hinged Tortoise

Bestimmung über die Schilderung des Panzers: Im Nacken und am Hinterende je ein unpaarer Randschild, dazwischen je 11 Seitenschilde. Bauchpanzer mit einem Scharnier zum Zuklappen, der Schwanz endet mit einem Dorn. Panzerlänge, wie bei den Schildkröten üblich mit dem Zollstock gemessen, 12 bis 17 cm, mehr oder weniger gewölbt.

In eher feuchten Savannen von West- bis Ostafrika, dabei haben die westafrikanischen Tiere an den Vorderbeinen 4, die ostafrikanischen 5 Krallen. Die Schildkröten sind in der Regenzeit aktiv, sie fressen Früchte, Sprosse, Blätter, aber auch Schnecken und Tausendfüßler. Sie legen große Eier, aus denen nach einigen Monaten Junge schlüpfen, deren Panzer schon 4 cm lang ist.

In der Trockenzeit vergraben sich die Schildkröten im Boden oder in verlassenen Termitenhügeln und halten eine Art Trockenschlaf.

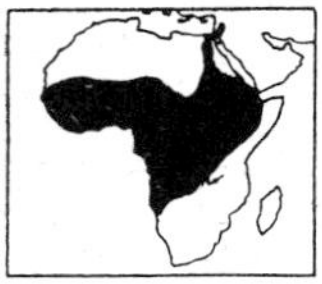

Weichschildkröte

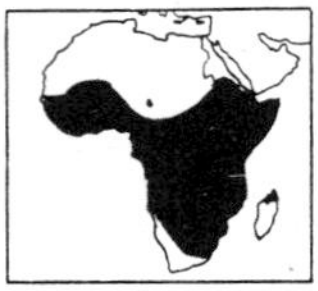

Kinixys belliana

Leopardenschildkröte, Pantherschildkröte, Leopard Tortoise, Geochelone (Testudo) **pardalis**

Panzer sehr hoch gewölbt, ohne Nackenschild und sehr variabel und zudem mit dem Alter veränderlich gefleckt. Panzerlänge bis 65 cm, Gewicht bis 30, ausnahmsweise sogar 40 kg.

In Dornbusch- und Grassavannen, vor allem in höheren Lagen. Die Schildkröten fressen saftige Kräuter, Früchte, Gras und manchmal auch an Kadavern. Im Höhepunkt der Trockenzeit stellen sie das Wandern ein und ziehen sich an einen schattigen Ort zurück. Sie überstehen die meisten Buschfeuer mit eingezogenen Gliedmaßen, doch scheint ein Feuer im Hochgras ihnen auch gefährlich zu werden, jedenfalls findet man manchmal ihre bleichenden Panzer auf der verbrannten Erde. Sonst haben sie kaum Feinde, nur Hyänen mit ihrem Brechergebiß sollen sie knacken können; wie alles Eßbare, werden sie intensiv von dem Einheimischen gejagt.

Die Weibchen vergraben ihre 5 bis 30 fast kugelrunden, etwa tischtennisballgroßen Eier im Boden, den sie dafür notfalls mit Harn aufweichen. Nach der Eiablage verschließen sie das Loch, stampfen die Erde fest und tarnen den Ort mit welkem Laub.

Afrikanische Weichschildkröte, Nile Soft Turtle, Trionyx triunguis

Die einzige Weichschildkröte in Afrika und dort unverwechselbar. Panzerlänge bis 75 cm, Gewicht bis 45 kg. 3 Krallen an jedem Fuß, Schnorchelnase.
Nicht im Viktoria-See, wohl aber im Rudolfsee. Früher im Nil bis zur Mündung und im Jordan, heute unterhalb des Assuan - Dammes wahrscheinlich ausgestorben. Die Tiere verirren sich auch ins Meer und können dort lange leben.
Die Tiere halten sich gewöhnlich am Grund im trüben Wasser auf. Sie pumpen dort Wasser in den Schlund, wo an Hautfalten ein Gasaustausch wie an Kiemen stattfindet. So sollen sie ihre Tauchzeit auf 10 bis 15 Stunden verlängern können. Sie fressen Schnecken, Frösche und dergleichen, verschmähen aber auf dem Wasser treibende Früchte wie Datteln nicht.

Die Weibchen vergraben in Sandbänken über dem Wasserspiegel ihre 25 bis 60 Eier. In Ägypten geschah das im April. Die Jungen quäken nach dem Schlüpfen wie junge Krokodile. Man hat beobachtet, daß Krokodilmütter, die in der Nähe auf das Schlüpfen ihrer Jungen warten, die kleinen Schildkröten behutsam in ihr Maul nehmen und ins Wasser tragen.

Die Schildkröten werden in Afrika gejagt und gegessen. Ergriffene wehren sich mit Beißen.

Nilkrokodil, Nilotic Crocodile, Crocodylus niloticus

In Afrika leben 3 Krokodilarten: das bis 2 m lange Stumpfkrokodil mit braunen Augen, das meist bis 4 m lange Panzerkrokodil mit sehr schlanker Schnauze (3 mal länger als breit) und als bei weitem häufigstes das Nilkrokodil mit bis 7 m Länge. Riesen von 5 m findet man heute fast nur noch in Schutzgebieten, das Bild stammt vom Chamo-See in Äthiopien.

Über das Nilkrokodil gibt es unzählige Berichte, daß ihm früher Menschen geopfert wurden, daß es bis heute in Westafrika "heilige" Krokodile gibt, daß es bis 2 weit aus dem Wasser springen kann, um Wild- und Haustiere, sogar Löwen und natürlich auch Menschen ins Wasser zu reißen, und von Menschen, die sich aus dem Krokodilrachen retten konnten, indem sie ihm die Augen eindrückten.

Tagsüber liegen die Krokodile reglos und oft, der Kühlung halber, mit aufgerissenem Rachen auf Sandbänken; sie können aber auch dann blitzschnell zuschnappen und erstaunlich rasch und hochbeinig dahinrennen. Sie sind stimmgewaltig und kämpfen untereinander mit fürchterlichem Gebrüll. Aus größerer Beute reißen sie Fetzen heraus, indem sie sich verbeißen und dann mit Schwanzschlägen um ihre Längsachse rotieren. Sie haben kannibalische Gelüste, darum sieht man stets nur etwa gleichgroße zusammen. Sie sind flink genug, um sogar Vögel zu erbeuten.

Krokodile bewachen ihre Eier, tragen die Jungen ins Wasser und betreuen sie noch einige Zeit.

Man hat Knochen von Krokodilen gefunden, die 15 Meter lang und mehr als 6 Tonnen schwer gewesen sein müssen.

Madagaskar-Taggecko
Phelsuma madagascariensis

Strahlend grün, meist mit einem roten Streifen über dem Auge. Bis 22, im Norden der Insel auch bis 28 cm und damit der größte Taggecko in Madagaskar.

In immerfeuchtem Urwaldklima in Norden und Osten, auf Lichtungen, in Bananenplantagen, Gärten, Dörfern. Die Tiere kommen am späten Nachmittag aus ihren Verstecken und klettern dann auch an Zäunen und Gebäuden. Das Weibchen legt seine 2 Eier in feuchten Mulm.

Die Einheimischen kennen den Gecko gut und nennen ihn "lizard domestique". Er gilt bei ihnen als wohlschmeckend.

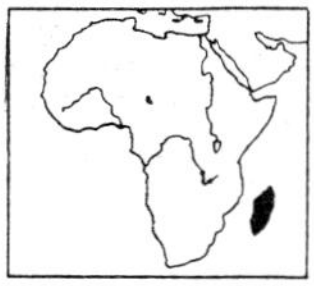

Tarentola ephippiata,

Zu bestimmen über die plumpe Gestalt und die Körpergröße von über 25 cm. Die Rückenzeichnung ist mehr oder weniger ausgeprägt.

Rein nächtlich, an Gebäuden, auf Dächern, gewöhnlich kolonieweise.

Verbreitet zumindest in Senegambien, ursprünglich wohl an toten Bäumen, wo unter abplatzender Rinde Verstecke vorhanden sind.

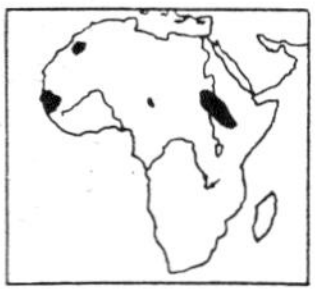

Afrikanischer Hausgecko,
Hemidactylus brooki

Auf den Schwanzwirteln je 6 bis 8 Höckerschuppen. Die Pupille ist ein senkrechter, mehrfach ausgelappter Spalt. Färbung veränderlich in Brauntönen. Über das Auge geht ein dunkler Zügelstrich. Länge bis 12 cm.

An und in Häusern und Schuppen, an Steinen und Holz, unter loser Baumrinde, unter liegenden Stämmen und in Steinhaufen. Nachtaktiv, eierlegend.

Häufig im tropischen Afrika und mit Waren nach Indien, Südchina, Singapore und Borneo verschleppt und dort heimisch geworden.

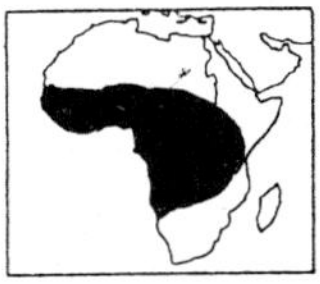

Namib-Taggecko,
Rhoptropus barnardi

Zehen für einen Gecko schlank. Die Mittelschuppen auf der Schwanzunterseite sind nicht vergrößert. Der Schwanz ist im Querschnitt queroval und nahe der Wurzel geringelt. Er bricht leicht ab und wächst dann ungeringelt nach. Der Bauch ist weißlich bis blauweißlich. Länge 6 bis 8 cm.

Die stets 2 Eier werden oft von mehreren Weibchen in der gleichen Felsspalte abgelegt.

In Halbwüsten von Damaraland bis Südangola, auf Steinhaufen und spaltenreichen Felsen, an den Fundstellen häufig, aber nicht zusammen mit anderen Taggeckos.

Chondrodactylus angulifer, Giant Ground Gecko

Körper gedrungen, Kopf groß und mit kurzer Schnauze. Auf dem Rükken verstreut gekielte Höckerschuppen, Schwanz mit Ringen aus Höckerschuppen. Färbung veränderlich in Sandfarben. Zehen kurz. Länge 13 bis 16 cm.

In Kieswüste und in den ausgeblasenen Senken zwischen Wanderdünen. Die Tiere wandern in der Nacht langsam umher und erbeuten neben Gliedertieren auch kleinere Geckos. Bedroht zischen sie und biegen den Schwanz nach vorne, beides wie ein Wüstenskorpion. Morgens vergraben sie sich im Sand. Sie legen 1 oder 2 Eier, aus denen bereits 7 cm lange Junge schlüpfen.

Dickfingergecko, Thick toed Gecko, Pachydactylus bibronii

Mit harten Kegelschuppen. Rücken und Schwanz mit schwärzlichen Querbinden, Finger ohne und Zehen mit verkümmerten Krallen und auf der Unterseite mit 10 bis 12 Haftlamellen.

Vor allem dämmerungs- und nachtaktiv, an kühlen Tagen aber auch am Tag auf Nahrungssuche. Unter Steinen, in Bruchsteinmauern, Termitenhügeln, unter der lockeren Borke eines toten Baumes. Gesellig, bis zu 20 in einer Felsspalte. Trotz der Geselligkeit haben die Männchen Gründe zu Raufereien, die sie mit Quieklauten begleiten. Beim Ergreifen bissig mit der Kraft einer Wäscheklammer. Die Eier, je 2 pro Weibchen, werden oft zu einem Gemeinschaftsgelege vereinigt.

In fast ganz Südafrika der häufigste Gecko, nördlich bis Angola und Südtansania.

Wüstengecko, Palmatogecko rangei

Unverwechselbar durch die geisterhaften Nachtaugen und den glasig durchscheinenden Körper, in dem man die größeren Knochen, das rote, schlagende Herz, die Leber und den dunklen Mageninhalt durchschimmern sieht. Länge 11 bis 12 cm.

In den Dünen der Namib, tagsüber vergraben. An den Vorder- und Hinterbeinen tragen die Geckos "Schwimmhäute", die einmal wie Skier das Einsinken im Sand verhindern, aber in Lockerböden auch gut zum Graben taugen.

Nachts wandern die Tiere langsam über den Sand auf der Suche nach Termiten, ihrer Hauptnahrung, und anderen zarten Insekten. Wenn der Nebel vom Meer hereinzieht und seinen Körper befeuchtet, leckt der Wüstengecko sich mit seiner langen, fleischigen Zunge ab um zu trinken. Er reinigt auch seine Augen, indem er mit der Zunge darüberfährt.

Man findet die Tiere nachts im Schein einer Lampe oder durch Aussieben von Sand, wo man am Morgen, ehe der Sonnenwind den Sand in Bewegung setzt, seine Spuren gefunden hat. Zur Haltung im Terrarium ist er nur da geeignet, wo man ihm ständig seine Hauptnahrung, die Termiten, anbieten kann.

Dickfingergecko

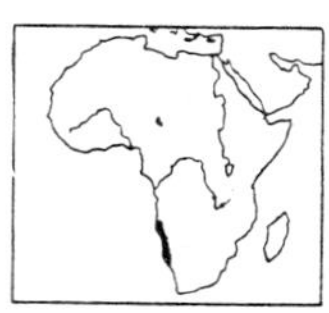

Wüstengecko

Namaqua-Chamaeleon, Chamaeleo namaquensis

Zu bestimmen über den Rückenkamm aus etwa einem Dutzend spitzer, von Schuppen bedeckter Höcker. Der Schwanz ist zum Greifen nicht geeignet. Bis 25 cm.

Eigenartigerweise leben Chamaeleons, die dem Augenschein nach so sehr an das Leben in Bäumen und Büschen angepaßt sind, auch in fast strauchlosen Wüsten. Das tut nicht nur das Gemeine Chamaeleon in Nordafrika, sondern auch das Namaqua-Chamaeleon in der Wüste Namib. In den heißen Stunden vergraben sich die Tiere im Sand oder steigen in Büsche, wo schon in 25 cm Höhe die Temperatur 20 Grad unter der Temperatur der Sandfläche liegen kann.

Chamaeleons sind wehrlose Tiere, die aber gefährlich aussehen können. Ein bedrohtes Namaqua-Chamaeleon stellt sich quer zum Angreifer, plattet sich ab und wird dabei sehr hoch; zugleich wird es schwarz, zischt und sperrt den innen leuchtend gelben Rachen auf. Ergriffene wehren sich mit Beißen, und dann kann auch beim Menschen Blut fließen. Vermehrung über Eier.

Der Autor des Bildes ist mir nicht bekannt.

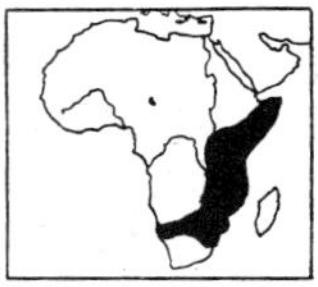
Lappenchamaeleon

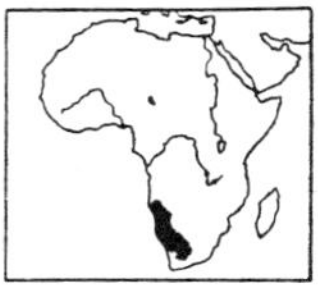
Namaqua-Chamaeleon

Lappenchamaeleon, Common Chameleon, Chamaeleo dilepis

Hinterkopf ohne Helm, aber an den Seiten mit Lappen, die die Tiere beim Drohen abspreizen, um sich "groß" zu machen. Kehle, Bauch und Rücken mit Schuppenkamm. Meist mit einem weißen Längsstreifen an den Seiten und darüber einige weiße Flecke. Bis 30 cm.

Häufig in Baumsavanne, Busch und Wald im tropischen und südlichen Afrika, einzelgängerisch. Bei Bedrohung machen sich die Tiere hoch und flach, dabei erscheinen zwischen den Schuppenreihen am Hals orangerote Hautstreifen. Ergriffene wehren sich mit Beißen. Gegen die Hauptfeinde, baumbewohnende Schlangen, sind sie wehrlos.

Zur Paarungszeit sieht man sie schwankenden Schrittes am Boden und oft beim Überqueren von Straßen. Die Weibchen verscharren ihre bis zu 60 Eier in einem mühsam gegrabenen Erdloch, das sie auch wieder verschließen. Die jungen Chamaeleons kommen erst nach etwa 10 Monaten zum Vorschein. Sie sind dann etwa 4 cm lang. Wenn man die Tiere ärgert, werden sie dunkel mit hellen Tupfen.

Chamaeleo johnstoni, Johnston's Chameleon

Im Unterschied zum Dreihornchamaeleon sind die Stirnhörner heller, meist gelblich. Der Rücken ist scharfkantig und meist wellig, aber ohne Rückenkamm. Die Weibchen sind wie bei den Verwandten hornlos. Die Männchen sind hell- bis moosgrün mit meist 5 bräunlichen Querbinden und dunklen Sattelflecken. Länge um 30 cm.

Die Tiere leben auf Bäumen und Büschen. Ergriffene wehren sich mit Fauchen und Beißen, bedrohte lassen sich fallen und flüchten im Bodenwuchs. Die Tiere legen Eier in ausgescharrte Löcher im Boden. Die Hörner zeigen sich bei den jungen Männchen etwa nach einem Monat.

Heimisch in einer Höhenlage von 1000 bis 2.400 m. Die Einheimischen am Fuß der Ruwenzoriberge wissen, was die Touristen, die dort hinkommen, sehen wollen, und bringen die Chamaeleons herbei, um sie gegen eine geringe Entschädigung fotografieren zu lassen.

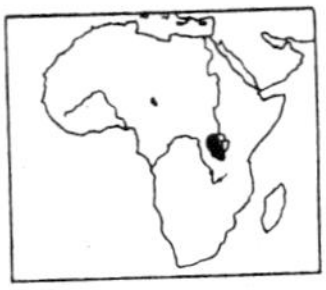

Dreihornchamaeleon, Jackson's Chameleon, Chamaeleo jacksonii

Männchen mit einem dicken, leicht aufgebogenen Horn dicht über der Oberlippe und darüber 2 dünneren, gerade nach vorne gerichteten Hörnern. Weibchen mit kurzen bis eben angedeuteten Hörnern. Länge bis 32 cm.

In feuchten und nachts kühlen Bergwäldern und in der Baumsavanne in Ostafrika. Das Bild stammt vom Ruwenzori. Die Hörner dienen den trägen Tieren nicht zur Verteidigung, sondern allenfalls zu Rangeleien bei Rivalenkämpfen, da die Tiere wie alle Chamaeleons Einzelgänger sind. Sie würden sich sonst die Fliegen streitig machen.

Die Weibchen bringen fertig entwickelte Junge zur Welt. Sie werden in einer durchsichtigen Blase geboren, die sie gleich nach der Geburt sprengen. Dann machen sie ihren ersten Atemzug. Mit 9 Monaten sind sie geschlechtsreif und können in Menschenobhut 9 Jahre alt werden.

In der Färbung sind die Tiere, wie man das von Chamaeleons erwartet, veränderlich und tragen meist ein sehr gutes, rinden- bis flechtenfarbenes Tarnkleid. Beim Sonnen färben sie sich dunkel, so daß sie die Wärme besser aufnehmen, und stellen sich mit der Breitseite zum Lichteinfall.

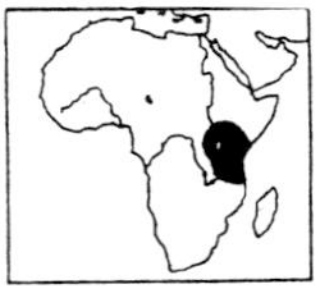

Bergchamaeleon, Mountain chameleon, **Chamaeleo montium**

Die Männchen sind mit ihren 2 Hörnern und dem hohen Rücken- sowie dem noch höheren Schwanzsegel kleine "Drachen", bis 25 cm lang, die Weibchen haben weder Hörner noch Segel und erreichen 20 cm. Die Männchen erstrahlen bei Paarungsstimmung in hellem Grün mit blauen Flecken.

Verbreitet zwischen 500 und 1.200 m Höhe, am häufigsten um 900 m in Büschen, Bäumen und in der Krautschicht. In heissen Stunden sind die Tiere fast unauffindbar, in der Morgen- und Abendsonne und in kurzen Sonnenpausen an Regentagen zeigen sie sich zum Sonnen auf Zweigspitzen. Nachts werden sie ganz hell und sind dann mit der Lampe leicht zu entdecken. Sie sind häufig in den Gärten um die Stadt Buea am Kamerunberg. Bei einer Störung lassen sie sich fallen und flüchten in die dichteste Bodenvegetation. Sie ernähren sich von Gliedertieren aller Art und trinken Wassertropfen von den Blättern.

Heimisch auch in den Bergregenwäldern der Insel Fernando Poo.

In Buea am Kamerunberg, wo die Tiere häufig sind, balancieren sie manchmal über Telegraphenleitungen.

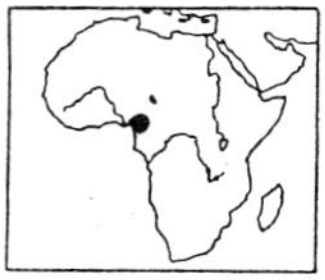

Chamaeleo senegalensis

Mit schwachem, dachförmigem Helm und kräftigen Überaugengraten. Die Schuppen auf dem Scheitel sind größer als die sehr kleinen, körnigen Körperschuppen. Auf dem Rücken in der vorderen Hälfte ein schwacher Kamm, auf der Bauchseite eine Mittellinie aus größeren Schuppen. Länge bis 24 cm.

In Büschen, vor allem in Wassernähe vom Senegal durch die Feuchtsavanne bis nach Burundi verbreitet, fehlt aber im tropischen Regenwald.

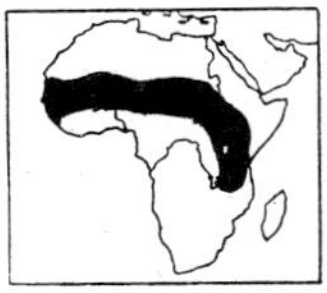

Chamaeleo (Crassonotus) **nasutus**

Auf der Schnauze des Männchens ein seitlich zusammengedrückter, mit Schuppen bedeckter, beweglicher Aufsatz. Ohne Kamm auf Rücken und Unterseite, aber beim Männchen auf dem Rücken 9 bis 13 Zähne. Schwanz etwa so lang wie der Körper, Gesamtlänge bis 11 cm.

Dieser "Paradiesvogel" unter den Echsen bewohnt die Regenwaldzone im Osten und Norden von Madagaskar. Besonders häufig auf der Insel Nosi Bé.

Im Regenwald Zentralafrikas leben Arten mit einem ähnlichen, noch größereren Stirnaufbau.

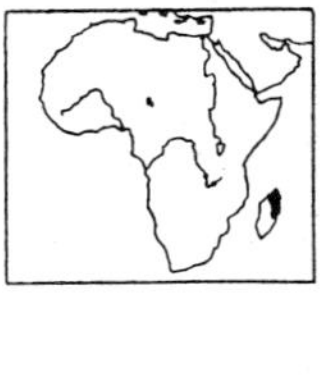

Teppichchamaeleon, Furcifer (Chamaeleo) **lateralis**

Mit fein gezähnter Rückenlinie und einem Grat auf dem Hinterkopf. Grundfärbung veränderlich zwischen grau, braun, gelb oder grün, nachts aufgehellt, mit oder ohne Flecke und fast immer mit einem hellen Seitenstreifen. Länge 18 bis 25 cm.

Baum- und Strauchbewohner im Regenwald, Trockenwald und in der Feuchtsavanne und wie alle Auflauerjäger einzelgängerisch. Wenn sich zwei begegnen, gibt es Beißereien, bis einer sich wieder entfernt. Wenn man sich nähert, rutschen die Tiere langsam auf die dem Eindringling abgewandte Astseite.

Die Weibchen vergraben ihre bis zwei Dutzend Eier etwa handtief im Boden. Die Entwicklung dauert um 250, ja sogar bis 380 Tage, mehr als 5 mal länger als bei einem etwa gleichgroßen Leguan. Die Jungen sind beim Schlüpfen keine 3 cm lang. Sie wachsen schnell und sind nach einem halben Jahr geschlechtsreif. Im Gegensatz zur langen Entwicklung im Ei steht das kurze Leben der Tiere: Schon mit 2 bis 3 Jahren sterben sie an Altersschwäche.

Das Teppichchamaeleon bewohnt fast ganz Madagaskar von Meereshöhe bis auf 2.000 m.

Chamaeleo globifer

Kopfschuppen von sehr ungleicher Größe, Körperschuppen gleichmäßiger, zum Rücken hin größer und weniger gleichförmig. Die Männchen tragen einen doppelten, kurzen Schnauzenaufsatz. Ohne Rükken- und Bauchkamm, Zehen mit einem hellen Ring. Schwanz etwas länger als der Körper. Länge in beiden Geschlechtern bis 33 cm.

In den Regenwaldgebieten Madagaskars.

Pantherchamaeleon
Furcifer pardalis

Die Schnauzenspitze überragt etwas das Maul. Die Kopflappen tragen an den Seiten besonders große Schuppen. Länge bis 55 cm.

Auf Bäumen und Büschen, nicht selten auch in Gärten im feuchten Nordosten von Madagaskar in Küstennähe.

Die Weibchen vergraben sich zur Ablage ihrer bis zu 50 Eier im Boden und scharren nachher das Loch wieder zu. Die Männchen erkennt man an ihrer aufgetriebenen Schwanzwurzel. Die Tiere sind einzelgängerisch und greifen sich an, wenn sie sich begegnen, wobei es aber bei "Verdrängungskämpfen" bleibt. Bedrohte Tiere blasen sich auf.

Siedleragame, Common Agama, Agama agama

Die unverwechselbar rotköpfigen, blaurückigen Männchen können den Besuchern der Schutzgebiete in Ostafrika nicht entgehen: Sie sitzen mit hoch erhobenem Kopf auf Mauern, Dachfirsten und Steinhaufen in der Umgebung der Lodges, sie klettern auch schon an den Tempelruinen in Oberägypten. Kopfnicken, ursprünglich eine Art Peilen aus zwei Richtungen, um auch mit einem Auge Entfernungen zu schätzen, ist bei den Agamen zu einer Drohgeste "ritualisiert". Der Rivale, der den Revieranspruch nicht beachtet, wird in eine wilde Balgerei verwickelt, da rollen die Widersacher verbissen über den Boden, bis einer die Flucht ergreift und rasselnd über die Blechdächer flüchtet und verfolgt wird. In den nächsten Minuten verliert der Verlierer alle Farben und wird unscheinbar mausgrau, während der Sieger um so mehr erglüht und seinen Auslug wieder besetzt.

Die Weibchen und Jungen sind kleiner und unscheinbar grau, sie dürfen jedermanns Revier betreten. Sie vergraben ihre Eier, aus denen Junge schlüpfen, die anfangs sehr versteckt leben müssen, weil sie für ihre Eltern und die ganze Sippschaft nichts weiter sind als Futter.

Blaukehlagame, Agama atricollis

Männchen mit dickem, etwas aufgeblasen wirkendem Kopf, der in Imponierfärbung leuchtend blau anläuft, während er in "Demutsstimmung" rasch unscheinbar graubraun wird. Mehrere Unterarten mit sehr verschiedener Färbung wurden beschrieben. Länge meist bis 30, selten auch bis 40 cm.

Die Tiere sitzen teils auf Steinhaufen in der Strauchsavanne, teils klettern sie geschickt wie Eichhörnchen auf Bäumen. Sie flüchten stets stammaufwärts. Meist lebt ein häufig kopfnickendes Männchen im Imponierkleid zusammen mit einigen Weibchen auf einem Baum oder Steinhaufen, der immer eine Höhle als Fluchtburg haben muß.

Den Tag beginnen die Agamen mit einem Sonnenbad, später jagen sie im Baum oder am Boden davor, wobei sie den Fluchtweg nie vergessen. An Zweigen verstecken sie sich auf der Rückseite. Neben Insekten schmecken ihnen auch saftige Früchte.

Das Weibchen vergräbt etwa ein Dutzend Eier im Boden und scharrt die Mulde wieder zu. Die Jungen klettern gleich nach dem Schlüpfen in die Bäume.

Heimisch in Ost- und Südafrika von Kenia bis Namibia.

Agama hispida, Spiny Agama

An den Flanken verstreut Stachelschuppen, Färbung veränderlich, oft aber 2 dunkle Querbänder zwischen den Augen. Männchen zur Paarungszeit mit himmelblauem Kopf und rostroten Flanken. Länge meist um 20 cm.
Tagaktiv, meist am Boden auf der Suche nach Ameisen und Termiten, manchmal auch in Büschen, vor allem beim Aufwärmen in der Morgensonne. Aufgescheucht flüchten die Tiere hochbeinig und mit aufgebogenem Schwanz, drücken sich aber wenige Meter entfernt auf den Boden. Nachts im Mauselöchern oder ähnlichen Verstecken. Am Südrand der Verbreitung halten die Tiere einen kurzen Winterschlaf.

In Süd- und Südwestafrika die häufigste Agame.

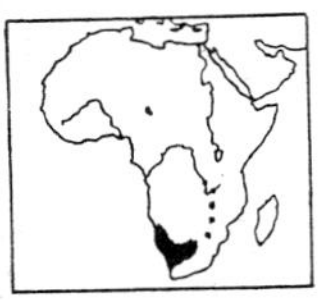

Etoscha-Agame, Agama etoshae

Klein! Nur 12 bis 14 cm. Kopf breit und kurz, Ohröffnung klein und unauffällig. Ein schwacher Rückenkamm reicht bis zur Schwanzwurzel. Auf der Kehle ein schwarzer, fünfeckiger Fleck.

Nur in der Etoscha-Pfanne. In den kühleren Tagesstunden sitzen die Agamen mit erhobenem Kopf, so daß man den schwarzen Kehlfleck sieht, auf Steinhaufen oder umgestürzten Stämmen. Sie verschwinden aber früh in ihrem Versteck, wenn man sich nähert.

Die Agamen kommen mit Tau als Flüssigkeit aus. Stehendes Wasser ist ihnen sogar gefährlich, da sie es als Wüstentiere nicht kennen und möglicherweise darin ertrinken.

Agama aculeata, Ground Agama

Kopf dreieckig mit etwas gerundeter Schnauze. Schuppen gekielt. Mit schwachem Rückenkamm und einer graugelben, manchmal fein schwarz geteilten Rückenlinie, daneben paarweise 4 bis 6 dunkle Flecke, Schwanz mit 10 bis 13 undeutlichen dunklen Ringen. 15 bis 22 cm.

Bodenbewohner, beim Sonnen auch in Büschen. Die Echsen flüchten mit hochgebogenem Schwanz und drücken sich anschließend in ein Versteck. Sie nächtigen und legen ihre Eier in selbstgegrabenen Erdlöchern. Hauptnahrung Ameisen und Termiten. In Savanne und Halbwüste.

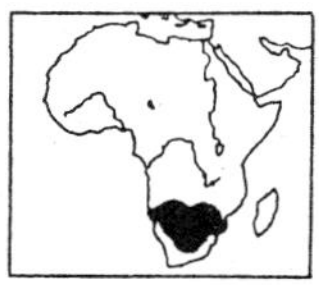

Blauschwanzskink, Mabuya quinquetaeniata

Jungtiere und Weibchen dunkelbraun mit 3 hellen Längsstreifen auf dem Rücken, in der Jugend mit kobaltblauem Schwanz. Alte Männchen olivbraun mit einem feinen perlmutterglänzenden Fleck auf jeder Schuppe und mit rötlichem Schwanz. Länge bis 27 cm.

Meist kolonieweise auf isolierten Felskuppen in den Savannen, verbreitet durch ganz Afrika, wo die Echsen etwa die Rolle der europäischen Mauereidechsen spielen und auch flink wie jene sind. Sie sind, eine Ausnahme unter den Skinken, eierlegend.

Der blaue Schwanz soll wohl Beutegreifer anziehen, er bricht dann leicht ab, und die Echse kann sich retten.

Verbreitet vom Nildelta bis Südafrika und insgesamt nach der Siedleragame die häufigste Echse in den afrikanischen Trockenzonen.

Rotflankenskink, Orange-flanked Skink, Mabuya perotetti

Zu bestimmen über die roten Flanken. Länge um 20 cm.

Bodenbewohnend, sehr flink, in der Ruhe und auf der Flucht in Mauselöchern oder ähnlichen Verstecken. In der Feuchtsavanne, auch in Gärten, im Höhepunkt der Trockenzeit verborgen.

Verbreitet zumindest in Senegambien.

Die Mabuyen gehören zur Echsenfamilie der Skinke, die sich meist durch ein glattes Schuppenkleid und einen vorne und hinten zugespitzten Körper auszeichnen. Arttypisches Bestimmungsmerkmal sind Zahl und Anordnung der Schuppen um die Augen und die Lippenschilde. Im unteren Augenlid ist ein durchsichtiges Fenster, so daß die Tiere auch bei geschlossenen Augen nicht ganz blind sind; eine Anpassung an das Wühlen im Boden und Bodengrus. Die Ohröffnung ist gelappt; auch das eine Anpassung, die verhindern soll, daß Bodenteilchen in das Ohr geraten.

Sie sind wie die meisten Skinke lebendgebärend, genauer gesagt legen sie Eier, aus denen Minuten nach der Ablage die Jungen schlüpfen.

Mabuyen gibt es auch in Amerika, und man stellt sich vor, daß sie auf Treibholz, mit den Passatwinden segelnd, den Atlantik von Westafrika aus überquert haben.

Riesengürtelschweif, Giant Girdle Lizard, Cordylus giganteus

Unverwechselbar durch die kräftigen Stachelschuppen und die Größe von bis zu 40 cm.

In Savannen und Halbwüste, oft kolonieweise. Die Tiere sitzen oft mit erhobenem Kopf auf Termitenhügeln oder Felsen und schlagen mit dem Schwanz, bevor sie in ihr meist selbstgegrabenes Schlupfloch oder den Erdbau eines Nagers stürzen. In den Stunden mit tiefstehender Sonne sitzen sie im Sonnenschein, die Nächte und die heißesten Stunden verbringen sie in einem Versteck.

Wenn ein Feind den Gürtelschweif angreift, krallt er sich in den Boden, um die verletzliche Bauchseite zu schützen, und schlägt mit dem stachelbewehrten Schwanz. Wird er doch auf den Rücken geworfen, so dreht er sich blitzschnell wieder um.

Lebendgebärend. Die Jungen verbleiben in ihrem ersten Winter im Bau der Mutter.

Aus weiten Teilen seines Verbreitungsgebietes durch Landwirtschaft verschwunden.

Platysaurus guttatus, Dwarf Flat Lizard

Im unteren Augenlid ein Klarglasfleck. Schuppen an den Halsseiten vergrößert, Bauchschuppen in 16 bis 20 Längsreihen. Männchen mit hellblauer Kehle und dunkelblauem Bauch, Weibchen unscheinbar dunkel mit 3 hellen Streifen auf dem Kopf. Länge 13 bis 16 cm.

Auf Granitfelsen in trockener bis halbfeuchter Savanne, an den Fundorten häufig und nicht mit anderen Platysaurus-Arten zusammen. Über Nacht in Felsspalten und unter Steinen. Die Männchen zeigen ihren Revieranspruch, indem sie sich auf den Vorderbeinen hochrecken und dem Rivalen so die blaue Unterseite zeigen.

Die Tiere fressen neben Gliedertieren auch Blüten und frische Sprosse.

Scharreidechse, Reticulated Desert Lizard, Meroles reticulatus

Mit spitzer pinzettenartiger Schnauze, die die Echse zum Wühlen im Sand benutzt. Rücken dunkler grau genetzt. Länge 14 bis 16 cm.

Nur in dürftig bewachsenen Sanddünen in der Namib von Walfishbay bis Südangola. Eierlegend. Wenn man die Eidechsen verfolgt, rennen sie blitzschnell davon und vergraben sich binnen Sekunden im Sand. Aktiv in den milderen Tagesstunden.

Die Echse gehört zur Familie Lacertidae, Halsbandeidechsen, zu der auch die mitteleuropäischen Arten gehören.

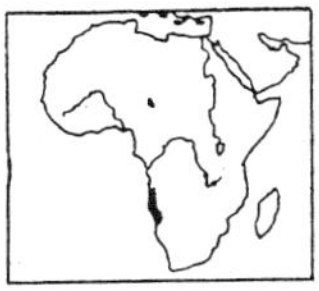

Platt-Gürtelechse Platysaurus capensis

Männchen bunt, Weibchen felsengrau und kleiner. Untere Augenlider durchscheinend. Die Bauchschuppen stehen in 18 bis 22 Längsreihen, die Bauchmitte ist schwarz. Länge bis 25 cm, und das bei maximal 5 mm Dicke. Die Tiere leben an zerklüfteten Felsen, meist in Schluchten über Wasser, aus dem Insekten aufsteigen, die den Tieren als Nahrung dienen. Zur Nacht und auf der Flucht verschwinden sie in Felsspalten und blasen sich dort auf, so daß sie sich festklemmen. Beim Klettern scheinen sie über die Felsen zu schweben und machen auch vor überhängenden Wänden nicht halt.

Die Männchen besetzen Reviere und demonstrieren den Rivalen ihren Revieranspruch, indem sie mit erhobenem Kopf ihre bunten Farben präsentieren. Ihr Hinterende ist dagegen gar nicht bunt.

Die Echsen leben zu Tausenden an den Grantifelsen um den Augraubie-Wasserfall in Südafrika und lassen sich durch die Touristen kaum stören. Ihr Hauptfeind ist der Turmfalke. Meist findet man auf einem Felsen ein Männchen nebst einem "Harem" von unscheinbaren Weibchen und dazu Jungtiere. Die Eier werden in die feuchte Bodenfüllung am Grunde oben offener Felsspalten abgelegt.

Platysaurus guttatus

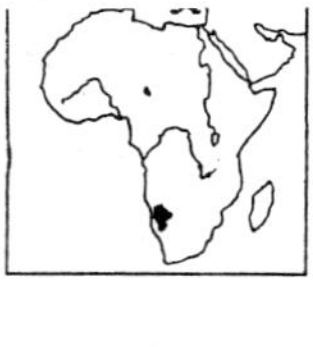

Platysaurus capensis

Pedioplanus undatus
Western Land Lizard

Schlank, am unteren Augenlid ein durchscheinendes Fenster, das aus nur einer oder einigen großen Schuppen besteht. Die Schuppen auf der Bauchseite bilden 10 Längsreihen. Färbung sehr veränderlich, in der Jugend mit schwarzen Längsstreifen. Länge 14 bis 18 cm.

Eine der wenigen näheren Verwandten der europäischen Eidechsen (Familie Lacertidae) im tropischen Afrika. Heimisch in der Geröllwüste.

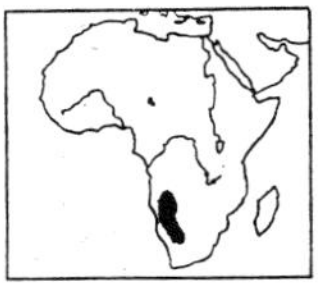

Pedioplanus gaerdesi,

Angedeutet zweifarbig: im vorderen Drittel grau, dahinter sandfarben. Im unteren Augenlid ein durchsichtiger Fensterschild.

Auf steinigem Boden in Wüste und Halbwüste im Nordwesten Namibias. Die Echsen ziehen sich in der Hitze unter Steine und ähnliche Verstecke zurück. Sie erbeuten unter anderem Ameisen und zerbeißen auch hart gepanzerte Käfer.

Sie gehören zur Familie der Halsbandeidechsen (Lacertidae), die in Europa artenreich vertreten ist.

Steppenwaran, Cape Monitor, Varanus exanthematicus

Zu bestimmen über den "Gesichtsausdruck" und die hoch gewölbte Schnauze. Länge 70 bis 110 cm.

In Savannen und Halbwüsten vom Senegal bis Südafrika, wo die Tiere einen Winterschlaf halten. Sonst sind sie tagaktiv und verbringen die Nächte in Felspalten, hohlen Bäumen. in übernommenen oder selbstgescharrten Höhlen, vor allem aber in den Lüftungschächten der Termitenhügel. Die Tiere sind oft mit Fetzen alter Haut behängt, und viele leiden unter Zecken, die sich um die Augen und Nasenlöcher eingebohrt haben.

Die Warane erbeuten vor allem Heuschrecken, Käfer, Schnecken und Jungvögel. Bei der Jagd auf Eidechsen zeigen sie sich überraschend schnell und behende. Sie gehen auch an Aas und fressen Eier. Sie selber sind vor allem vom Kampfadler bedroht, werden in Teilen Afrikas aber auch von den Einheimischen gegessen. In die Enge getrieben, peitschen sie mit dem Schwanz und verbeißen sich in den Feind. Manche stellen sich auch tot.

Das Weibchen vergräbt seine bis über 30 taubeneigroßen Eier, aber viele Gelege werden von Mangusten ausgegraben.

Nilwaran, Nile Monitor, Varanus niloticus

Jungtiere mit einem gelben Bindenmuster, das im Alter verblaßt. Der einzige Waran mit seitlich zusammengedrücktem Schwanz. Länge bis 150, selten auch bis 200 cm.
Am Wasser und bis einige hundert Meter davon entfernt. Meist liegen die Tiere am Ufer, stürzen sich bei Gefahr ins Wasser und tauchen weg. Sie können eine Stunde unten bleiben. Sie erbeuten vor allem Krabben, Schnecken, auch die schwer gepanzerten Achatschnecken, dazu Frösche und die Eier von Vögeln, Schildkröten und Krokodilen, die sie über den Geruch aufspüren. Sie können züngelnd einer Fährte folgen wie ein Hund. In die Enge getrieben, peitschen sie mit dem Schwanz, kratzen und beißen.. Untereinander kämpfen sie dagegen, auf die Hinterbeine aufgerichtet, in einer Art Ringkampf.

Zur Eiablage kratzen die Warane einen Termitenhügel auf und legen die Eier in das Loch, das schon in der nächsten Nacht von den Termiten wieder verschlossen wird. So sind die Eier sicher vor Kannibalen. Die jungen Warane können sich erst befreien, wenn ein Regen den Termitenbau befeuchtet.

Nilwarane können 15 Jahre alt werden. Ein ausgestorbener Verwandter erreichte eine Länge von 5 Metern.

Felsenpython, Rock Python, Python sebae

Mit meist 4 bis 5 m Länge die bei weitem größte Schlange Afrikas. Der Rekord liegt sogar bei 7,5 Metern.

Der Felsenpython lebt in den Strauch- und Baumsavannen Afrikas und im Regenwald. Die Schlangen sind der Extremtyp des Auflauerers. Sie kriechen zeitlupenlangsam, indem sie sich fast ohne sichtbare Bewegung auf ihren Rippen voranhebeln, die Kriechspur ist gerade wie die Spur eines Autoreifens. Sie werden so leicht übersehen. Vor dem Zuschlagen richtet sich die Schlange auf und legt den Kopf zum Ausholen nach hinten. Hat sie das Opfer mit den Häkelzähnen gepackt, so tötet sie durch Umschlingen und Erwürgen. Erst wenn die Schlange keinen Widerstand mehr spürt, lockert sie die Schlingen und ertastet das Vorderende der Beute, wo sie mit dem Verschlingen beginnt. Große Pythons erbeuten Gazellen bis zu 30 kg Gewicht, aber meist dürften Ratten und Erdhörnchen ihre Beute sein. Auch Affen und Vögel wie Trappen und Perlhühner gehören in das Beutespektrum. Kleinkinder sind gefährdet.

In weiten Teilen Afrikas wird der Python gegessen und ist sehr selten geworden. In Westafrika gibt es bei manchen Stämmen "heilige" Pythons, die an einem geweihten Ort gefüttert werden und dort auch bleiben. Das Töten eines Pythons war im alten Nigeria ein schwer bestraftes Vergehen.

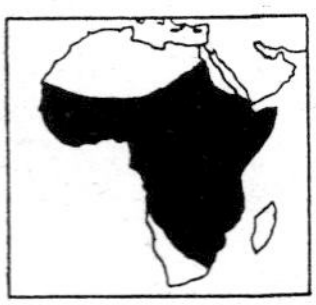

Nilwaran

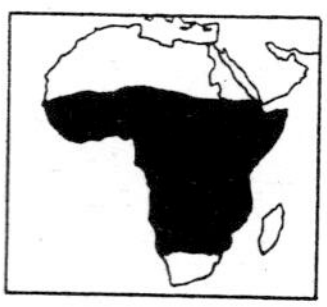

Felsenpython

Madagaskar-Hundskopfboa, Sanzinia madagascariensis

Der Kopf ist sehr vom Körper abgesetzt und mit kleinen Schuppen bedeckt, nur hinter der Schnauze liegen einige größere Schilde. Die Oberlippenschilder tragen je eine Grube. Länge bis 2 m.

An lichten Stellen in feuchten Urwäldern, gern am und im Wasser, sonst meist auf Bäumen. Die Schlangen sind meist nachtaktiv, im Halbdunkel dichter Wälder jagen sie auch in den Morgen- und Abendstunden. Vor allem erbeuten sie schlafende Vögel bis Taubengröße und nehmen Vogelnester aus. Die Beute wird in Körperwindungen erwürgt. Gegen den Menschen zeigen sich die Schlangen nur wenig beißlustig, im Terrarium gelten sie als sehr hinfällig.

Die Weibchen bringen mit einem Mal nur 3 oder 4 Junge zur Welt, die bei der Geburt aber schon 70 cm lang sind.

Die nächste Verwandte der Hundskopfboa ist die Abgottschlange aus Südamerika, die früher sogar in die gleiche Gattung gestellt wurde, einer von vielen Hinweisen dafür, daß die Kontinente Afrika und Amerika früher einmal zusammenhingen.

Sandzischnatter,
Hissing Sand Snake
Psammophis sibilans

Meist olivbraun, ein Schild vor dem Auge, bis 120 cm.

Wohl die häufigste Schlange in Savannen und Halbwüste in fast ganz Afrika, ortstreu und tagaktiv, morgens oft um stets die gleiche Zeit beim Sonnen in stets dem gleichen Busch, später gleiten die Schlangen elegant mit hoch erhobenem Kopf umher. Sie hetzen Eidechsen und Mäuse mit unwiderstehlicher Schnelligkeit auch durch das gröbste Dickicht und halten sie 5 Minuten mit Schlingen gefesselt, bis das Gift gewirkt hat. Ihr Biß kann auch beim Menschen tagelange Schmerzen, Schüttelfrost und Fieber erzeugen.

Die Schlangen zischen nicht und zeigen keine Vorliebe für Sand.

Psammophis punctulatus,
Speckled Sand-Snake

Arttypisch sind die schwarzen Flankenflecken, Länge bis 170 cm.

Die Psammopis-Arten sind Trugnattern mit Giftzähnen hinten im Kiefer. Sie sind äußerst schnell und hetzen und packen Eidechsen und Mäuse, die im Maul gehalten werden, bis das Gift nach 5 Minuten wirkt. Paarungsbedürftige Weibchen legen eine Duftspur, der die Männchen folgen. Treffen mehrere beim Weibchen ein, so fechten sie Ringkämpfe aus.

Von der Giftwirkung auf den Menschen ist nichts bekannt, aber schon wegen der Größe der Schlangen ist Vorsicht geraten.

In trockener, sandiger Dornbuschsavanne von Nordtansania bis Somalia.

Ägyptische Kobra, Uräusschlange, Egyptian Cobra, Naja haje

Meist einfarbig bräunlich, gelblich, aber auch dunkler bis bläulichschwarz, Unterseite heller, oft mit dunklen Flecken. Um die Körpermitte 17 bis 19 Schuppen, schräg gezählt wie bei den Schlangen üblich. Länge bis 2 m, selten auch bis 2,5 Meter.

Tagsüber stets in der gleichen Höhle verborgen, gern in durchlöcherten Termitenhügeln, in der milden Sonne auch einmal beim Sonnenbad. In der Dämmerung und bei Nacht unterwegs. Die Schlangen erbeuten alle Arten von Wirbeltieren, sogar Kröten. Einer Glucke holen sie nach und nach alle Küken weg.

Die Schlangen fliehen den Menschen, aber vor allem nachts kommt es zu Bissen in die Beine, wenn man auf ein Tier tritt. Das Gift ist sehr stark, 35 mg können einen Menschen töten, ein Zehntel der in den Giftdrüsen enthaltenen Menge. Die Wirkung beginnt mit brennenden Schmerzen und lokaler Schwellung, sehr schnell kommt es aber zu allgemeinen Erscheinungen wie Herzjagen und Schweißausbruch; anschließend lassen alle Reflexe nach, es kann zu Atemstillstand kommen. Wo Kobrabisse häufig sind, halten die Krankenhäuser Antiserum bereit; damit kann man das Leben retten, aber es kann zum Absterben von Gewebe um die Bißstelle kommen mit schweren Dauerschäden.

In die Enge getrieben, nimmt die Kobra die "Hutstellung" ein wie im Bild, sie kann sich aber auch "totstellen". Erboste Kobras können den Feind, oder was sie dafür halten, verfolgen.

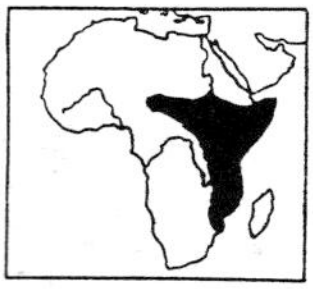

Grüne Nachtotter

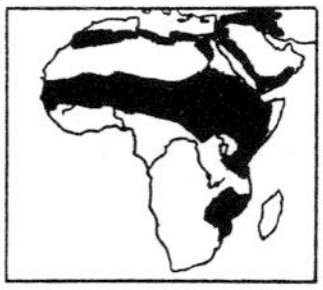

Ägyptische Kobra

Grüne Nachtotter, Green Night Adder, Causus resimus

Samtig grün, mit oder ohne schwarze Zeichnung. Die Augen sind durch kleine Schuppen von den Lippenschuppen getrennt. Länge 40 bis 60 cm.

Die trägen Vipern besitzen Giftdrüsen, die mehr als 5 cm weit in den Hals reichen. Heimisch in Uganda, Ostkenia und Kinshasa. Im hohen Gras, gewöhnlich in Wassernähe, wo die Schlangen sich von Kröten und Fröschen ernähren, die sie nach dem Giftbiß nicht mehr loslassen, sondern zu verschlingen beginnen, noch ehe das Gift gewirkt hat. Wenn man die Schlange bedroht, bläst sie sich auf und plattet den Kopf ab. Sie zischt beim Zubeißen. Der Biß ist für den Menschen nicht tödlich, kann aber zum Absterben des Gewebes um die Bißstelle und somit zu einer schwer heilenden Wunde führen.

Die Schlangen sind wie ihre Beutetiere dämmerungs- und nachtaktiv.

Puffotter, Puff Adder, Bitis arietans

Strohgelb bis olivbraun mit dunklen Winkelflecken auf dem Rücken, plattköpfig, bis armdick und bis 90, selten auch bis 120 cm lang.

In den Savannen und Halbwüsten zwischen den Wendekreisen die häufigste Giftschlange, auch in Südmarokko und in Arabien. Sie verursacht viele und oft tödliche Unfälle, meist wenn man auf die am Boden liegende oder bei Nacht herumkriechende und nicht flüchtende Schlange tritt. Das Zischen, das ihr den Namen gegeben hat, kommt oft zu spät. Ihr Biß ist überaus kraftvoll, und die Giftzähne dringen bis 2 cm tief. Das Gift zerstört das Gewebe, so daß auch Überlebende oft verkrüppelt bleiben.

Die Schlangen kriechen sehr langsam und etwa wie eine Raupe oder ein Regenwurm, aber nicht schlängelnd wie die Nattern. Sie können aber auch schlängeln und tun es beim Schwimmen.

Die Weibchen bringen 20 bis 40, selten auch mehr Junge auf einmal zur Welt.

Gabunviper, Gaboon Viper, Bitis gabonica

Die größte Viper: bis 1,8 Meter lang und bis oberschenkeldick. Giftzähne bis 4 cm lang.

In den Urwäldern in West-, Zentral- und Ostafrika. Die Zeichnung ist zwischen dem Fallaub am Boden eine sehr wirksame Verbergetracht, zumal sich die Schlange manchmal tagelang nicht bewegt. Die Tiere sind sehr träge, es kommt aber zu Unfällen, wenn man auf die am Boden übersehene Schlange tritt. Dann beißt sie mit großer Kraft zu und spritzt ihr Gift mit hohem Druck in die Wunde. Hilfe für den Gebissenen gibt es kaum, es wird aber von Afrikanern berichtet, die durch sofortiges Abhacken des gebissenen Gliedes ihr Leben retten konnten. Gereizte Gabunvipern blasen sich auf und zischen und bleiben, einmal erregt, stunden- bis tagelang reizbar.

In Afrika gibt es Männer, die von sich sagen, sie seien durch einen Zauber (Gri-Gri) vor Schlangenbissen geschützt. Das Geheimnis geben sie aber nicht preis. Die Männer heben die Vipern auf, stecken sie in einen Sack oder holen sie heraus, als wenn es Gemüse wäre. Von Terrarianern werden die großen Giftsäcke dagegen trotz ihrer Trägheit mit äußerster Vorsicht behandelt.

Die Bildautoren:
Dieter Frank: 32o, 34or, 36, 38o, 40, 42u, 44u, 46u, 58u, 70o, 70u, 72o, 78or, 80o, 82u, 86u, 90o, 90u, 92o, 120u, 130u, 134u, 142o, 144ol, 144or, 144ul, 148or, 150 ol, 150or, 150u, 16u, 20o, 20u, 24u
Dieter Fuchs: 132or, 132u, 138o
Karl Geigl 60o
Lothar Sauer: 30o, 44o, 54o, 620, 100or, 100ol, 100u, 106u, 110u, 122o, 124o, 124u, 1360, 138ur, 140o, 140u, 154o, 22o, 22u

Mein Dank gilt allen Begleitern auf meinen Fotoreisen und Herrn Dr. Gruber und Herrn Dieter Fuchs für die Beschaffung von Literatur.

Herstellung: Druckerei Planprint d.o.o.
Rožna dolina c IV/32-36
Ljubljana - Slowenien

Wie heißt dieses Tier, wie heißt diese Pflanze?

Die beste Antwort auf diese Fragen, Voraussetzung für jede weitere Beschäftigung mit der Natur, gibt eine weitgehend vollständige Sammlung von Bestimmungsfotos zusammen mit einem Text, der auf die Artmerkmale hinweist. Aufgebaut nach diesem Konzept sind **Sauers Naturführer** in wenigen Jahren zu einem großen Tierbestimmungslexikon mit 13 Bänden und über 4000 Bestimmungsfotos herangewachsen. Die Texte beschreiben Lebensweise und Lebensraum der vorgestellten Arten und machen die Serie auch zu einem unerreicht ausführlichen "Tierleben" über die Fauna Europas. Die Reihe wird weiter ausgebaut.

Bisher sind erschienen:

Tiere und Pflanzen im Wassertropfen
133 Seiten, 208 Farbfotos, 2. Auflage, DM 18.-
Nicht nur ein Bestimmungsbuch, sondern auch ein Bildband über die Schönheit des Mikrokosmos und eine Anleitung zum Mikroskopieren von Kleinstorganismen.

Meerepflanzen, Meerestiere
352 Seiten, 600 Farbfotos, DM 36.-
Dieser vollständigste und genaueste Strandführer mit Farbfotos zeigt, daß die Fauna der europäischen Meere an Formenreichtum und Schönheit kaum hinter den Tropenmeeren zurücksteht.

Die schönsten Spinnen Europas
196 Seiten, 360 Farbfotos, 3. Auflage, DM 24.-
350 Spinnenarten werden nach Farbfotos bestimmbar. Ein ausführlicher Text und ein Bestimmungsschlüssel führen tiefer in die Beschäftigung mit diesen interessanten Tieren hinein.

Fliegen und Mücken
128 Seiten, 206 Farbfotos, 2. Auflage, DM 23.-
In den oft stark vergrößernden Fotos wird die bizarre Schönheit dieser Tiere sichtbar. Der einzige Naturführer in diese wichtige Insektengruppe.

Bienen und Verwandte
128 Seiten, 206 Farbfotos, 2. Auflage, DM 23.-
Die wichtigsten Arten der Bienen, Wespen und Ameisen werden nun erstmals ohne Verwendung von Fachliteratur bestimmbar.

Wasserinsekten
162 Seiten, 262 Farbfotos, DM 28.-
62 Libellenarten, 42 Köcherfliegen, 24 Eintagsfliegen, 20 Mücken, 18 Wasserwanzen und 12 Steinfliegenarten nach Farbfotos erkannt.